联邦学习
Federated Learning

杨强 刘洋 程勇 康焱 陈天健 于涵 著

電子工業出版社·
Publishing House of Electronics Industry
北京·BEIJING

内容简介

如何在保证本地训练数据不公开的前提下，实现多个数据拥有者协同训练一个共享的机器学习模型？传统的机器学习方法需要将所有的数据集中到一个地方（例如，数据中心），然后进行机器学习模型的训练。但这种基于集中数据的做法无疑会严重侵害用户隐私和数据安全。如今，世界上越来越多的人开始强烈要求科技公司必须根据用户隐私法律法规妥善地处理用户的数据，欧盟的《通用数据保护条例》是一个很好的例子。在本书中，我们将描述联邦学习（亦称联邦机器学习）如何将分布式机器学习、密码学、基于金融规则的激励机制和博弈论结合起来，以解决分散数据的使用问题。我们会介绍不同种类的面向隐私保护的机器学习解决方案以及技术背景，并描述一些典型的实际问题解决案例。我们还会进一步论述联邦学习将成为下一代机器学习的基础，可以满足技术和社会需求并促进面向安全的人工智能的开发和应用。

本书可供高等院校计算机科学、人工智能和机器学习专业的师生，以及大数据和人工智能应用程序的开发人员阅读，也可供研究机构的研究人员、法律法规制定者和政府监管部门参考。

版权贸易合同登记号　图字：01-2020-0923

图书在版编目 (CIP) 数据

联邦学习 = Federated Learning / 杨强等著 . — 北京：电子工业出版社，2020.4
ISBN 978-7-121-38522-3

Ⅰ．①联⋯ Ⅱ．①杨⋯ Ⅲ．①机器学习 Ⅳ．① TP181

中国版本图书馆 CIP 数据核字（2020）第 029798 号

责任编辑：宋亚东
印　　刷：涿州市般润文化传播有限公司
装　　订：涿州市般润文化传播有限公司
出版发行：电子工业出版社
　　　　　北京市海淀区万寿路 173 信箱　　邮编：100036
开　　本：720×1000　1/16　　　　印张：13　　字数：229 千字
版　　次：2020 年 4 月第 1 版
印　　次：2024 年 1 月第 10 次印刷
定　　价：89.00 元

凡所购买电子工业出版社图书有缺损问题，请向购买书店调换。若书店售缺，请与本社发行部联系，联系及邮购电话：(010) 88254888，88258888。

质量投诉请发邮件至 zlts@phei.com.cn，盗版侵权举报请发邮件至 dbqq@phei.com.cn。

本书咨询联系方式：010-51260888-819，faq@phei.com.cn。

人工智能安全

21 世纪初，人工智能（Artificial Intelligence，AI）进入以深度学习为主导的大数据时代，基于大数据的机器学习既推动了 AI 的蓬勃发展，也带来一系列安全隐患。这些隐患来源于深度学习本身的学习机制，无论是在它的模型建造（训练）阶段，还是在模型推理和使用阶段。这些安全隐患如果被有意或无意地滥用，后果将十分严重。当前 AI 安全已引起人们普遍的关注，各项的治理措施也因此积极开展。AI 治理有以下几个不同的维度，即技术、法律、经济和文化等。"联邦学习"（Federated Learning）正是在这个背景下提出和发展起来的，它主要从技术维度出发，重点研究其中的隐私保护和数据安全问题。那么联邦学习是如何保护隐私和数据安全的？它包括两个过程，分别是模型训练和模型推理。在模型训练阶段，模型相关的信息可以在各方之间交换，但数据不能交换，因此各个站点上的数据将受到保护。在模型推理阶段，训练好的联邦学习模型可以置于联邦学习系统的各参与方，也可以供多方共享。这是联邦学习的具体过程，也就是它的定义。

本书是关于联邦学习的介绍，共 11 章，内容丰富。从广度上看，书中讨论了四种联邦学习的基本类型，即横向联邦学习、纵向联邦学习、联邦迁移学习和联邦强化学习，还讨论了相关的联邦学习激励机制和分布式机器学习。从深度上看，书中包括原理、算法、平台和应用实例。本书作者杨强等均来自微众银行，他们都参与了联邦智能使能器（Federated AI Technology Enabler，FATE）的联邦学习平台的开发。本书的许多思想来源于这个实践，因此具有实用性。本书可供高等院校计算机科学、人工智能和机器学习专业的师生，以及大数据和人工智能应用程序开发人员阅读，也可供研究机构的研究人员、法律法规制定者和政府监管部门参考。

张钹

中国科学院院士，清华大学人工智能研究院院长

Preface

前　言

　　本书讲述在数据间彼此孤立、同时被不同组织所拥有且并不能被轻易地聚合在一起的环境下，联合构建机器学习模型的方法。我们经常可以听到，当今是大数据（Big Data）时代，而大数据正是人工智能（Artificial Intelligence，AI）应用蓬勃发展的"燃料"。事实却是，我们面对的数据常常既是小规模，又是碎片化的。例如，我们不能随意收集由移动终端设备产生的数据，这些数据都以碎片化的形式分散存在。像医院这样的机构，由于行业的特殊性，对用户数据的掌握量往往是有限的。然而，由于用户隐私和数据安全方面的需求，使得在不同机构间以简单的方式将所有数据聚合到一处并进行处理变得越来越不可行。在这样的环境中，联邦机器学习（Federated Machine Learning），或者简称为联邦学习（Federated Learning），作为一种行之有效的解决方案引起了人们的广泛关注。联邦学习既能帮助多个参与方搭建共享的高性能模型，又符合用户隐私和数据保密性的要求。

　　除了保护用户隐私和数据安全，联邦学习的另一发展动机是为了最大化地利用云系统下终端设备的计算能力。如果只在设备和服务器之间传输计算结果而不是原始数据，那么通信将会变得极为高效。人造卫星能够完成绝大部分的信息收集计算，并只需使用最低限度的信道与地面计算机通信。联邦学习通过交换中间计算结果即可在多台设备和计算服务器之间进行同步。

　　我们可以打个比方来通俗地解释联邦学习，把机器学习模型比作羊，把数据比作羊吃的草。在传统方法中，要建立机器学习模型，需要到各个草场的供应商处收购草。这就像一家人工智能公司需要到处收集数据一样，会面对很多的挑战，例如用户隐私、各个组织的利益和法律法规的约束等。联邦学习则换了一种思路，我们可以牵着羊，到各个草场去吃草，这样羊就可以吃到每个地方的草，羊可以成长，而草不出本地，就像联邦学习系统里的数据不出本地一样。羊吃了各家的草，可以逐渐长大，就像联邦模型在各个地方的数据集上都获得知识，变得越来越好，最后联邦模型可以供大家一起使用一样。这也是本书封面所展示的意义。

如今，现代社会需要人们更负责任地使用人工智能，而用户隐私和数据完整性是人工智能系统的重要特征。在这一方向，从安全地更新移动电话上的输入法预测模型，到与多家医院一同改善医疗图像识别模型的性能，联邦学习已经产生了显著的积极影响。在计算机科学领域，有许多已有的研究成果为联邦学习技术奠定了基础。自从谷歌发布了一个名为 Gboard 的应用程序后，联邦学习技术在 2018 年左右开始迅速崛起。

谷歌的 Gboard 系统是一个企业对消费者（Business-to-Consumer，B2C）应用的例子。它也能够用于支持边缘计算，云系统的终端（边缘）设备可以处理许多计算任务，从而减少了通过原始数据与中央服务器通信的需要。另一个维度是企业对企业（Business-to-Business，B2B）应用。在此类应用中，多个组织联合起来搭建一个共享的机器学习模型。模型是在确保没有本地数据离开任何站点的同时构建的，而模型性能可以根据业务需求进行一定程度的定制。在本书中，我们涵盖了 B2C 模型和 B2B 模型。

为了推进联邦学习技术，需要多个学科领域的合作，包括机器学习算法、分布式机器学习、密码学与安全、隐私保护数据挖掘、博弈论与经济学原理、激励机制设计、法律与监管要求等。要同时精通如此多的学科，对一位研究者或工程师来说是一个极其艰巨的任务。目前，研究联邦学习领域的资源分散在许多研究论文和博客上，因此，我们有必要在一本书中进行全面的介绍。

本书的内容是关于联邦学习的介绍，可以作为读者入门和探究联邦学习所需阅读的第一本书。本书是为计算机科学、人工智能和机器学习专业的学生，以及大数据和人工智能应用程序的开发人员编写的。本科高年级学生或者研究生、大学的教员和研究机构的研究人员都能够发现这本书的有用之处。在课堂上，本书可以作为研究生研讨课程的教科书，也可以作为研究联邦学习的参考文献。法律法规制定者和政府监管部门也可以把这本书作为一本关于大数据和人工智能法律事务的参考书。

本书的想法来自我们在微众银行开发的一个名为联邦智能使能器（Federated AI Technology Enabler，FATE）的联邦学习平台，是第一个工业级联邦学习开源框架。

FATE 平台现已是 Linux 基金会的一部分。微众银行是一家服务于中国数亿用户的数字银行，拥有来自不同背景的商业合作伙伴，包括银行、保险公司、互联网公司、零售公司和供应链公司等。我们亲身体会到，由于数据不能轻易地共享和传输，导致合作构建由机器学习所支撑的新业务的需求正变得愈加强烈。

谷歌将联邦学习大规模地应用在其面向消费者的移动服务中。我们进一步扩大了联邦学习的适用范围，使多家企业结为伙伴关系。基于联邦学习的横向、纵向和迁移学习分类首次在我们发表于 *ACM TIST* (*ACM Transactions on Intelligent Systems and Technology*) 的研究论文中提出[1]，也于 2019 年在夏威夷由人工智能发展协会组织举办的 AAAI（Association for the Advancement of Artificial Intelligence）会议上提出。随后，在第 14 届中国计算机联盟科技前沿大会等会议上，参会者们提供了许多关于联邦学习的教程。在本书的编写过程中，我们的第一个开源联邦学习系统 FATE 诞生了[2]。此外，联邦学习的第一个 IEEE ① 国际标准正在制定中[3]。各种教程和相关的研究论文是本书的基础所在。

本书的结构安排如下。第 1 章介绍当前人工智能面临的挑战以及将联邦学习作为可行的解决方案。第 2 章提供面向隐私保护的机器学习的背景知识，包括常用的隐私保护技术和数据安全技术。第 3 章是分布式机器学习概述，包括面向扩展性的分布式机器学习和面向隐私保护的分布式机器学习，并强调了联邦学习和分布式机器学习的区别。第 4 章、第 5 章和第 6 章分别详细地介绍了横向联邦学习、纵向联邦学习和联邦迁移学习。第 7 章探讨联邦学习激励机制的设计，以便更好地激励联邦学习的参与方。第 8 章介绍联邦学习在计算机视觉、自然语言处理及推荐系统领域的研究和应用。第 9 章介绍联邦强化学习。第 10 章讨论联邦学习在各个领域的应用前景。第 11 章总结此书，并展望联邦学习的未来发展。最后，附录 A 中提供了当前最新的欧盟、美国和中国的数据保护法律和法规概况。

杨强，刘洋，程勇，康焱，陈天健，于涵

2020 年 4 月，中国 深圳

---

① The Institute of Electrical and Electronics Engineers。

Acknowledgments
致　谢

为完成本书的撰写，一群非常敬业的学者和工程师付出了巨大的努力。除了本书的作者，也有许多博士研究生、研究人员和研究伙伴为不同章节做出了贡献。我们衷心地感谢以下为本书的写作和编校做出贡献的人士。

- 周雨豪协助完成了本书从英文到中文翻译的初稿。
- 高大山协助撰写了第 2 章和第 3 章。
- 吴学阳协助撰写了第 3 章和第 5 章。
- 梁新乐协助撰写了第 3 章和第 9 章。
- 黄云峰协助撰写了第 5 章和第 8 章。
- 万晟协助撰写了第 6 章和第 8 章。
- 魏锡光协助撰写了第 9 章。
- 邢鹏威协助撰写了第 8 章和第 10 章。

最后，我们要感谢我们的家人对我们的理解与支持！

杨强，刘洋，程勇，康焱，陈天健，于涵

2020 年 4 月，中国 深圳

作者简介

杨强

杨强教授是微众银行的首席人工智能官（CAIO）和香港科技大学（HKUST）计算机科学与工程系讲席教授。他是香港科技大学计算机科学与工程系的前任系主任，并曾担任大数据研究院的创始主任（2015-2018 年）。他的研究兴趣包括人工智能、机器学习和数据挖掘，特别是迁移学习、自动规划、联邦学习和基于案例的推理。他是多个国际协会的会士（Fellow），包括 ACM、AAAI、IEEE、IAPR 和 AAAS。他于 1982 年获得北京大学天体物理学学士学位，分别于 1987 年和 1989 年获得马里兰大学帕克分校计算机科学系硕士学位和博士学位。他曾在在滑铁卢大学（1989-1995 年）和西蒙弗雷泽大学（1995-2001 年）担任教授。他是 *ACM TIST* 和 *IEEE TBD* 的创始主编。他是国际人工智能联合会议（IJCAI）的理事长（2017-2019 年）和人工智能发展协会（AAAI）的执行委员会成员（2016-2020 年）。杨强教授曾获多个奖项，包括 2004/2005 ACM KDDCUP 冠军、ACM SIGKDD 卓越服务奖（2017）、AAAI 创新人工智能应用奖（2018, 2020）和吴文俊人工智能杰出贡献奖（2019）。他是华为诺亚方舟实验室的创始主任（2012-2014 年）和第四范式（AI 平台公司）的共同创始人。他是 *Intelligent Planning*（Springer）、*Crafting Your Research Future* (Morgan & Claypool)、*Transfer Learning*（Cambridge University Press）与 *Constraint-based Design Recovery for Software Engineering*（Springer）等著作的作者。

刘洋

刘洋是微众银行 AI 项目组的高级研究员。她的研究兴趣包括机器学习、联邦学习、迁移学习、多智能体系统、统计力学，以及这些技术的产业应用。她于 2012 年获得普林斯顿大学博士学位，2007 年获得清华大学学士学位。她拥有多项国际发明专利，研究成果曾发表于 *Nature*、IJCAI 和 *ACM TIST* 等科研刊物和会议上。她曾获 AAAI 人工智能创新应用奖、IJCAI 创新应用奖等多个奖项，并担任 IJCAI 高级程序委员会委员，NeurIPS 等多个人工智能会议研讨会联合主席，以及 *IEEE Intelligent Systems* 期刊客座编委等。

程勇

程勇是微众银行 AI 项目组的高级研究员。他曾任华为技术有限公司（深圳）高级工程师和德国贝尔实验室高级研究员，也曾在华为-香港科技大学创新实验室担任研究员。他的研究兴趣和专长主要包括联邦学习、深度学习、计算机视觉和 OCR、数学优化理论和算法、分布式计算、网络计算和混合整数规划。他发表期刊和会议论文 20 余篇。他于 2006 年、2010 年、2013 年分别在浙江大学、香港科技大学、德国达姆施塔特工业大学获工学学士学位（一等荣誉）、硕士学位和博士学位。他于 2014 年获达姆施塔特工业大学最佳博士论文奖，于 2006 年获浙江大学最佳学士论文奖。他在 ICASSP'15 会议上做了关于"混合整数规划"的教程。他是 IJCAI'19 和 NIPS'19 等国际会议的程序委员会委员。

康焱

康焱是微众银行 AI 项目组的高级研究员。他的工作重点是面向隐私保护的机器学习和联邦迁移学习技术的研究和实现。他在马里兰大学巴尔的摩分校获计算机硕士和博士学位。他的博士论文研究的是以机器学习和语义网络进行异构数据集成，并获得了博士论文奖学金。在就读研究生期间，他参与了与美国国家标

准与技术研究院（NIST）和美国国家科学基金会（NSF）合作的多个项目，设计和开发语义网络集成系统。他在商业软件项目方面也有着丰富的设计和开发经验。他曾在美国 Stardog Union 公司和美国塞纳公司工作了四年多的时间，从事系统设计和实现方面的工作。

陈天健

陈天健是微众银行 AI 项目组的副总经理。他现在负责构建基于联邦学习技术的银行智能生态系统。在加入微众银行之前，他是百度金融的首席架构师，同时也是百度的首席架构师。他拥有超过 12 年的大规模分布式系统设计经验，并在 Web 搜索引擎、对等网络存储、基因组学、推荐系统、数字银行和机器学习等多个应用领域中实现了技术创新。他现居于中国深圳，与其他工作伙伴一起建设和推广联邦 AI 生态系统和相关的开源项目 FATE。

于涵

于涵现任职新加坡南洋理工大学（NTU）计算机科学与工程学院助理教授、微众银行特聘顾问。在 2015—2018 年期间，他在南洋理工大学担任李光耀博士后研究员（LKY PDF）。在加入南洋理工大学之前，他曾于 2007—2008 年在新加坡惠普公司担任嵌入式软件工程师。他于 2014 年获南洋理工大学计算机科学博士学位。他的研究重点是在线凸优化、人工智能伦理、联邦学习及其在众包等复杂协作系统中的应用。他在国际学术会议和期刊上发表研究论文 140 余篇，获得了多项科研奖项。

Reader Services
读 者 服 务

微信扫码回复：38522

- 获取博文视点学院 20 元付费内容抵扣券；
- 获取免费增值资源，如白皮书、演讲视频及 PPT、FATE 教程和应用案例等；
- 加入本书读者交流群，与本书作者互动；
- 获取精选书单推荐。

　　轻松注册成为博文视点社区（www.broadview.com.cn）用户，您对书中内容的修改意见可在本书页面的"提交勘误"处提交，若被采纳，将获赠博文视点社区积分。在您购买电子书时，积分可用来抵扣相应金额。

　　您也可以登录https://cn.fedai.org/，获取联邦学习的最新进展和更多动态。

Contents
目 录

序言 iii

前言 iv

作者简介 viii

第 1 章 引言 /1
1.1 人工智能面临的挑战 /2
1.2 联邦学习概述 /4
  1.2.1 联邦学习的定义 /5
  1.2.2 联邦学习的分类 /8
1.3 联邦学习的发展 /11
  1.3.1 联邦学习的研究 /11
  1.3.2 开源平台 /13
  1.3.3 联邦学习标准化进展 /14
  1.3.4 联邦人工智能生态系统 /15

第 2 章 隐私、安全及机器学习 /17
2.1 面向隐私保护的机器学习 /18
2.2 面向隐私保护的机器学习与安全机器学习 /18
2.3 威胁与安全模型 /19
  2.3.1 隐私威胁模型 /19
  2.3.2 攻击者和安全模型 /21

2.4　隐私保护技术 /22
　　2.4.1　安全多方计算 /22
　　2.4.2　同态加密 /27
　　2.4.3　差分隐私 /30

第 3 章　分布式机器学习 /35
3.1　分布式机器学习介绍 /36
　　3.1.1　分布式机器学习的定义 /36
　　3.1.2　分布式机器学习平台 /37
3.2　面向扩展性的 DML /39
　　3.2.1　大规模机器学习 /39
　　3.2.2　面向扩展性的 DML 方法 /40
3.3　面向隐私保护的 DML /43
　　3.3.1　隐私保护决策树 /43
　　3.3.2　隐私保护方法 /45
　　3.3.3　面向隐私保护的 DML 方案 /45
3.4　面向隐私保护的梯度下降方法 /48
　　3.4.1　朴素联邦学习 /49
　　3.4.2　隐私保护方法 /49
3.5　挑战与展望 /51

第 4 章　横向联邦学习 /53
4.1　横向联邦学习的定义 /54
4.2　横向联邦学习架构 /55
　　4.2.1　客户-服务器架构 /55
　　4.2.2　对等网络架构 /58
　　4.2.3　全局模型评估 /59
4.3　联邦平均算法介绍 /60
　　4.3.1　联邦优化 /60
　　4.3.2　联邦平均算法 /63

4.3.3 安全的联邦平均算法 /65

4.4 联邦平均算法的改进 /68

    4.4.1 通信效率提升 /68

    4.4.2 参与方选择 /69

4.5 相关工作 /69

4.6 挑战与展望 /71

第 5 章 纵向联邦学习 /73

5.1 纵向联邦学习的定义 /74

5.2 纵向联邦学习的架构 /75

5.3 纵向联邦学习算法 /77

    5.3.1 安全联邦线性回归 /77

    5.3.2 安全联邦提升树 /80

5.4 挑战与展望 /85

第 6 章 联邦迁移学习 /87

6.1 异构联邦学习 /88

6.2 联邦迁移学习的分类与定义 /88

6.3 联邦迁移学习框架 /90

    6.3.1 加法同态加密 /93

    6.3.2 联邦迁移学习的训练过程 /94

    6.3.3 联邦迁移学习的预测过程 /95

    6.3.4 安全性分析 /95

    6.3.5 基于秘密共享的联邦迁移学习 /96

6.4 挑战与展望 /97

第 7 章 联邦学习激励机制 /99

7.1 贡献的收益 /100

    7.1.1 收益分享博弈 /100

    7.1.2 反向拍卖 /102

7.2　注重公平的收益分享框架　/103

　　7.2.1　建模贡献　/103

　　7.2.2　建模代价　/104

　　7.2.3　建模期望损失　/105

　　7.2.4　建模时间期望损失　/105

　　7.2.5　策略协调　/106

　　7.2.6　计算收益评估比重　/108

7.3　挑战与展望　/109

第 8 章　联邦学习与计算机视觉、
　　　　　自然语言处理及推荐系统　/111

8.1　联邦学习与计算机视觉　/112

　　8.1.1　联邦计算机视觉　/112

　　8.1.2　业内研究进展　/114

　　8.1.3　挑战与展望　/115

8.2　联邦学习与自然语言处理　/116

　　8.2.1　联邦自然语言处理　/116

　　8.2.2　业界研究进展　/118

　　8.2.3　挑战与展望　/118

8.3　联邦学习与推荐系统　/119

　　8.3.1　推荐模型　/120

　　8.3.2　联邦推荐系统　/121

　　8.3.3　业界研究进展　/123

　　8.3.4　挑战与展望　/123

第 9 章　联邦强化学习　/125

9.1　强化学习介绍　/126

　　9.1.1　策略　/127

　　9.1.2　奖励　/127

　　9.1.3　价值函数　/127

  9.1.4 环境模型 /127

  9.1.5 强化学习应用举例 /127

 9.2 强化学习算法 /128

 9.3 分布式强化学习 /130

  9.3.1 异步分布式强化学习 /130

  9.3.2 同步分布式强化学习 /131

 9.4 联邦强化学习 /131

  9.4.1 联邦强化学习背景 /131

  9.4.2 横向联邦强化学习 /132

  9.4.3 纵向联邦强化学习 /134

 9.5 挑战与展望 /136

第 10 章 应用前景 /139

 10.1 金融 /140

 10.2 医疗 /141

 10.3 教育 /142

 10.4 城市计算和智慧城市 /144

 10.5 边缘计算和物联网 /146

 10.6 区块链 /147

 10.7 第五代移动网路 /148

第 11 章 总结与展望 /149

附录 A 数据保护法律和法规 /151

 A.1 欧盟的数据保护法规 /152

  A.1.1 GDPR 中的术语 /153

  A.1.2 GDPR 重点条款 /154

  A.1.3 GDPR 的影响 /156

 A.2 美国的数据保护法规 /157

 A.3 中国的数据保护法规 /158

参考文献 /161

CHAPTER 1
引言

本章将介绍当前人工智能面临的挑战以及联邦学习可以作为一个有效的解决方案，并介绍联邦学习的分类和发展。

1.1 人工智能面临的挑战

在过去几年里，我们见证了机器学习（Machine Learning，ML）在人工智能（Artificial Intelligence，AI）应用领域中的迅猛发展，例如计算机视觉、自动语音识别、自然语言处理以及推荐系统等[4-6]。这些机器学习技术的成功，尤其是深度学习，无一不是建立在大量的数据（亦称大数据）基础之上的[4, 5, 7]。通过使用这些大数据，深度学习系统能够在许多领域执行人类难以完成的任务。例如，由数百万张图像训练得到的深度学习人脸识别系统，能够达到应用领域所需级别的人脸识别准确度。这些系统的训练都需要很大的数据量才能达到一个令人满意的性能水平，例如 Facebook 公司的目标检测系统是由来自 Instagram 的 3.5 亿张图像训练得到的[8]。

一般而言，训练人工智能应用模型所需要的数据量都是非常庞大的。然而，在许多应用领域，人们发现满足这样规模的数据量是难以甚至无法达到的。事实上，我们能够获得的通常都是"小数据"，即这些数据要么规模较小，要么缺少标签或者部分特征数值等重要信息。为了得到合适的数据标签（label），通常需要该领域专家付诸大量的工作。例如，对于医疗图像分析，医生们常被雇用来为患者的器官扫描图像提供专业诊断，这一过程无疑是枯燥且十分费时的。因此，高质量、大数量的训练数据通常是很难获得的，我们不得不面对难以桥接的数据孤岛。

随着社会的不断发展，现代社会正在逐渐意识到数据所有权的重要性，即什么人或者组织能拥有和使用数据建立人工智能技术应用的权力。在一个人工智能驱动的产品推荐服务中，服务的拥有者一般会要求获取产品数据和购买记录数据的拥有权，但关于用户购买行为和支付习惯的数据拥有权是不明确的。由于数据是由不同组织的不同部门产生并拥有的，传统的方法是收集数据并传输至一个中心点（例如，一个数据中心），这个中心点拥有高性能的计算集群并且能够训练和建立机器学习模型。然而，这种方法近来已经不再有效或适用了。

随着人工智能在各行各业的应用落地，人们对于用户隐私和数据安全的关注度也在不断提高。用户开始更加关注他们的隐私信息是否未经自己许可，便被他人出于商业或者政治目的而利用，甚至滥用。最近有许多互联网企业由于泄露用户数据给商业机构而被重罚。此外，垃圾邮件制作者和不法的数据交易也常常被曝光和处罚。

在法律层面，法规制定者和监管机构正在考虑出台新的法律来规范数据的管理和使用。一个典型的例子便是 2018 年欧盟开始执行的《通用数据保护条例》(General Data Protection Regulation,GDPR)[9]。在美国,《加利福尼亚州消费者隐私法》(California Consumer Privacy Act,CCPA)于 2020 年 1 月在加利福尼亚州正式生效[10]。此外,中国的《中华人民共和国民法通则》以及 2017 年开始实施的《中华人民共和国网络安全法》同样对数据的收集和处理提出了严格的约束和控制要求。附录 A 将会给出更多关于这些新的数据保护法律和法规的信息。

在这样的法律环境下,随着时间的推移,我们在不同组织间收集和分享数据将会变得越来越困难。更加重要的是,某些高度敏感的数据(例如,金融交易数据和医疗健康数据等)的拥有者也会极力反对无限制地计算和使用这些数据。在这种情况下,数据拥有者只允许这些数据保存在自己手中,进而会形成各自孤立的数据孤岛[1]。由于行业竞争、用户隐私、数据安全和复杂的管理规程等,甚至在同一家公司的不同部门之间,数据整合都会遇到很大的阻力。与此同时,高昂的成本也导致在不同机构之间聚合分散的数据显得十分困难[11]。现在看来,以往的隐私侵入方式的数据收集和共享方法已经属于非法行为,所以未来在不同组织之间进行数据的整合工作将是十分有挑战性的。

如何在遵守更加严格的、新的隐私保护条例的前提下,解决数据碎片化和数据隔离的问题,是当前人工智能研究者和实践者面临的首要挑战。倘若不能很好地解决这个问题,将会很可能导致新一轮的人工智能的寒冬[1]。

人工智能产业面临数据困境的另一个原因是,各方协同分享处理大数据的益处并不明显。假设有两个组织试图将各自的医学数据联合起来,协同训练一个联合机器学习模型。对于从一个组织向另一个组织传输数据,传统方法将会导致数据的原始拥有者失去对自己数据的掌控。而一旦数据不在自己手中,其利用价值便会大幅减小。而且,虽然将数据整合起来训练得到的模型性能会更好,但是整合带来的性能增益是如何在参与方中分配的也不能完全确定。人们对于数据失去掌控的担忧,以及对于增益分配效果的不透明,加剧了所谓数据碎片化和孤岛分布的严重性。

随着物联网和边缘计算的兴起,大数据往往不会拘泥于单一的整体,而是分布在许多方面。例如,人们不能期望拍摄地球影像的卫星可以将所有数据传输回地面数据中心,因为这样所需的传输带宽太大。同样,对于自动驾驶汽车,每辆汽车必须能够在本地使用机器学习模型处理大量信息,同时需要在全球范围内与其他汽车和计算中心协同工作。如何安全且有效地实现模型在多个地点间的更新和共享，是当前各类计算方法所面临的新挑战。

1.2　联邦学习概述

如上文所述，由于各方面原因造成的数据孤岛，正阻碍着训练人工智能模型所必需的大数据的使用，所以人们开始寻求一种方法，不必将所有数据集中到一个中心存储点就能够训练机器学习模型。一种可行的方法是由每一个拥有数据源的组织训练一个模型，之后让各个组织在各自的模型上彼此交流沟通，最终通过模型聚合得到一个全局模型。为了确保用户隐私和数据安全，各组织间交换模型信息的过程将会被精心地设计，使得没有组织能够猜测到其他任何组织的隐私数据内容。同时，当构建全局模型时，各数据源仿佛已被整合在一起，这便是联邦机器学习（Federated Machine Learning）或者简称为联邦学习（Federated Learning）的核心思想。

谷歌的 H. Brendan McMahan 等人通过使用边缘服务器架构，将联邦学习用于智能手机上的语言预测模型更新[12-15]。许多智能手机都存有私人数据，为了更新谷歌的 Gboard 系统的输入预测模型，即谷歌的自动输入补全键盘系统，谷歌的研究人员开发了一个联邦学习系统，以便定期地更新智能手机上的语言模型。谷歌的 Gboard 系统的用户能够得到建议输入查询，以及用户是否点击了建议输入的词。谷歌的 Gboard 系统的单词预测模型可以不断地改善、优化，不仅基于单部智能手机存储的数据，而且通过一种叫作联邦平均（Federated Averaging）的技术，让所有智能手机的数据都能被利用，使该模型得以不断优化。而这一过程并不需要将智能手机上的数据传输到某个数据中心位置。也就是说，联邦平均并不需要将数据从任何边缘终端设备传输到一个中心位置。通过联邦学习，每台移动设备（可以是智能手机或者平板电脑）上的模型将会被加密并上传到云端。最终，所有加密的模型都会被聚合到一个加密的全局模型中，因此云端的服务器也不能获知每台设备的数据或者模型[1, 12-17]。在云端聚合后的模型仍然是加密的（例如，使用同态加密），之后将会被下载到所有的移动终端设备上 [15, 16, 18, 19]。在上述过程中，用户在每台设备上的个人数据并不会传给其他用户，也不会上传至云端。

谷歌的联邦学习系统很好地展示了企业对消费者（Business-to-Consumer，B2C）的一个应用案例，它为 B2C 的应用设计了一种安全的分布式计算环境。在 B2C 场景里，由于边缘设备和中央服务器之间传输信息的速度加快，联邦学习可以确保隐私保护和更高的模型性能。

除了 B2C 应用，联邦学习还可以支持企业对企业（Business-to-Business，B2B）的应用。在联邦学习中，算法设计方法的一个根本的变化是我们以一种安全的方式来传输模型参数，而不是将数据从一个站点传输到另一个站点，这样其他方之间就不能互相推测数据。我们接下来介绍联邦学习的定义和分类。

1.2.1　联邦学习的定义

联邦学习旨在建立一个基于分布数据集的联邦学习模型。联邦学习包括两个过程，分别是模型训练和模型推理。在模型训练的过程中，模型相关的信息能够在各方之间交换（或者是以加密形式进行交换），但数据不能。这一交换不会暴露每个站点上数据的任何受保护的隐私部分。已训练好的联邦学习模型可以置于联邦学习系统的各参与方，也可以在多方之间共享。

当推理时，模型可以应用于新的数据实例。例如，在 B2B 场景中，联邦医疗图像系统可能会接收一位新患者，其诊断来自不同的医院。在这种情况下，各方将协作进行预测。最终，应该有一个公平的价值分配机制来分配协同模型所获得的收益。激励机制设计应该以这种方式进行下去，从而使得联邦学习过程能够持续。

具体来讲，联邦学习是一种具有以下特征的用来建立机器学习模型的算法框架。其中，机器学习模型是指将某一方的数据实例映射到预测结果输出的函数。

- 有两个或以上的联邦学习参与方协作构建一个共享的机器学习模型。每一个参与方都拥有若干能够用来训练模型的训练数据。
- 在联邦学习模型的训练过程中，每一个参与方拥有的数据都不会离开该参与方，即数据不离开数据拥有者。
- 联邦学习模型相关的信息能够以加密方式在各方之间进行传输和交换，并且需要保证任何一个参与方都不能推测出其他方的原始数据。
- 联邦学习模型的性能要能够充分逼近理想模型（是指通过将所有训练数据集中在一起并训练获得的机器学习模型）的性能。

更一般地，设有 N 位参与方 $\{\mathcal{F}_i\}_{i=1}^N$ 协作通过使用各自的训练数据集 $\{\mathcal{D}_i\}_{i=1}^N$

来训练机器学习模型。传统的方法是将所有的数据 $\{\mathcal{D}_i\}_{i=1}^N$ 收集起来并存储在一个地方，例如存储在某一台云端数据服务器上，从而在该服务器上使用集中后的数据集训练得到一个机器学习模型 $\mathcal{M}_{\mathrm{SUM}}$。在传统方法的训练过程中，任何一位参与方 $\mathcal{F}_i$ 会将自己的数据 $\mathcal{D}_i$ 暴露给服务器甚至其他参与方。联邦学习是一种不需要收集各参与方所有的数据 $\{\mathcal{D}_i\}_{i=1}^N$ 便能协作地训练一个模型 $\mathcal{M}_{\mathrm{FED}}$ 的机器学习过程。设 $\mathcal{V}_{\mathrm{SUM}}$ 和 $\mathcal{V}_{\mathrm{FED}}$ 分别为集中型模型 $\mathcal{M}_{\mathrm{SUM}}$ 和联邦型模型 $\mathcal{M}_{\mathrm{FED}}$ 的性能量度（如准确度、召回度和 F1 分数等）。我们可以更准确地解释性能保证的含义。设 δ 为一个非负实数，在满足以下条件时，联邦学习模型 $\mathcal{M}_{\mathrm{FED}}$ 具有 δ 的性能损失：

$$\mathcal{V}_{\mathrm{SUM}} - \mathcal{V}_{\mathrm{FED}} < \delta. \tag{1-1}$$

式(1–1)表述了以下客观事实：如果使用安全的联邦学习在分布式数据源上构建机器学习模型，这个模型在未来数据上的性能近似于把所有数据集中到一个地方训练所得到的模型的性能。

我们允许联邦学习模型在性能上比集中训练的模型稍差，因为在联邦学习中，参与方 $\mathcal{F}_i$ 并不会将他们的数据 $\mathcal{D}_i$ 暴露给服务器或者任何其他的参与方，所以相比准确度的 δ 的损失，额外的安全性和隐私保护无疑更有价值的。

根据应用场景的不同，联邦学习系统可能涉及也可能不涉及中央协调方。图 1–1 中展示了一种包括协调方的联邦学习架构示例。在此场景中，协调方是一台聚合服务器（也称为参数服务器），可以将初始模型发送给各参与方 A~C。参与方 A~C 分别使用各自的数据集训练该模型，并将模型权重更新发送到聚合服务器。之后，聚合服务器将从参与方处接收到的模型更新聚合起来（例如，使用联邦平均算法[12]），并将聚合后的模型更新发回给参与方。这一过程将会重复进行，直至模型收敛、达到最大迭代次数或者达到最长训练时间。在这种体系结构下，参与方的原始数据永远不会离开自己。这种方法不仅保护了用户的隐私和数据安全，还减少了发送原始数据所带来的通信开销。此外，聚合服务器和参与方还能使用加密方法（例如，同态加密[20, 21]）来防止模型信息泄露[1, 17]。

联邦学习架构也能被设计为对等（Peer-to-Peer，P2P）网络的方式，即不需要协调方。这进一步确保了安全性，因为各方无须借助第三方便可以直接通信，如图 1–2 所示。这种体系结构的优点是提高了安全性，但可能需要更多的计算操作来对消息内容进行加密和解密。

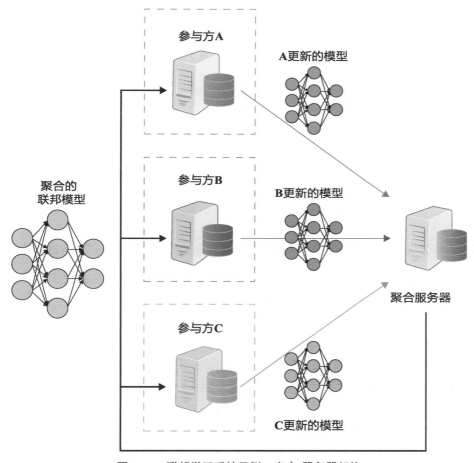

图 1-1 联邦学习系统示例：客户-服务器架构

　　联邦学习带来了许多益处，由于它被设计为不需要直接数据交换或者收集的形式，所以保护了用户的隐私和数据安全。联邦学习还允许若干参与方协同训练一个机器学习模型，从而使各方都能得到一个比自己训练的更好的模型。例如，联邦学习能够用于私有的商业银行，用以检测多方借贷活动，而这在银行产业，尤其是互联网金融业中，一直是一个很难解决的问题[11]。通过使用联邦学习，我们不再需要建立一个中央数据库，并且任何参与联邦学习的金融机构都可以向联邦系统内的其他机构发起新的用户查询请求。其他机构仅仅需要回答关于本地借贷的问题，而并不需要了解

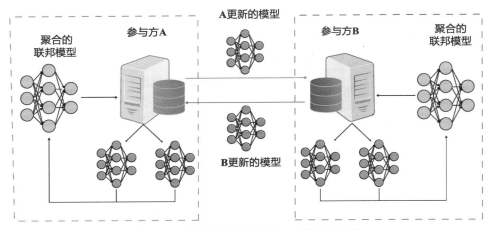

图 1-2 联邦学习系统示例：对等网络架构

用户的具体信息。这不仅保护了用户隐私和数据完整性，还实现了识别多方贷款的重要业务目标。

联邦学习有巨大的商业应用潜力，但同时也面临着诸多挑战。参与方（例如，智能手机）和中央聚合服务器之间的通信链接可能是慢速并且不稳定的[16]，因为同一时间可能有非常多的参与方在通信。从理论上讲，每一部智能手机都能够参与到联邦学习中，而这不可避免地将会使系统变得不稳定且不可预测。还有，在联邦学习系统中，来自不同参与方的数据可能会导致出现非独立同分布的情况[22-24]。并且不同的参与方可能有数量不均的训练数据样本，这可能导致联邦模型产生偏差，甚至会使联邦模型训练失败。由于参与方在地理上通常是非常分散的，所以难以被认证身份，这使得联邦学习模型容易遭到恶意攻击[25, 26]，即只要有一个或者更多的参与方发送破坏性的模型更新信息，就会使得联邦模型的可用性降低，甚至损害整个联邦学习系统或者模型性能。

1.2.2 联邦学习的分类

设矩阵 $\mathcal{D}_i$ 表示第 i 个参与方的数据；设矩阵 $\mathcal{D}_i$ 的每一行表示一个数据样本，每一列表示一个具体的数据特征（feature）。同时，一些数据集还可能包含标签信息。我们将特征空间设为 $\mathcal{X}$，数据标签（label）空间设为 $\mathcal{Y}$，并用 $\mathcal{I}$ 表示数据样本ID 空间。例如，在金融领域，数据标签可以是用户的信用度或者征信信息；在市场营销领域，数据标签可以是用户的购买计划；在教育领域，数据标签可以是学生的成绩分数。特征空间 $\mathcal{X}$、数据标签空间 $\mathcal{Y}$ 和样本 ID 空间 $\mathcal{I}$ 组成了一个训练数据集 $(\mathcal{I}, \mathcal{X}, \mathcal{Y})$。不同的参与方拥有的数据的特征空间和样本 ID 空间可能都是不同的。根据训练数据在不同参与方之间的数据特征空间和样本 ID 空间的分布情况，我们将联邦学习划分为横向联邦学习（Horizontal Federated Learning，HFL）、纵向联邦学习（Vertical Federated Learning，VFL）和联邦迁移学习（Federated Transfer Learning，FTL）[1, 27]。以有两个参与方的联邦学习场景为例，图 1-3、图 1-4 和图 1-5 分别展示了三种联邦学习的定义[1]。

图 1-3　横向联邦学习（按样本划分的联邦学习）[1]

横向联邦学习适用于联邦学习的参与方的数据有重叠的数据特征，即数据特征在参与方之间是对齐的，但是参与方拥有的数据样本是不同的。它类似于在表格视图中将数据水平划分的情况。因此，我们也将横向联邦学习称为按样本划分的联邦学习（Sample-Partitioned Federated Learning 或 Example-Partitioned Federated Learning[27]）。与横向联邦学习不同，纵向联邦学习适用于联邦学习参与方的训练数据有重叠的数据样本，即参与方之间的数据样本是对齐的，但是在数据特征上有所不同。它类似于数据在表格视图中将数据垂直划分的情况。因此，我们也将纵向联邦学习命名为按特征划分的联邦学习（Feature-Partitioned Federated Learning[27]）。联邦迁移学习适用于参与方的数据样本和数据特征重叠都很少的情况。

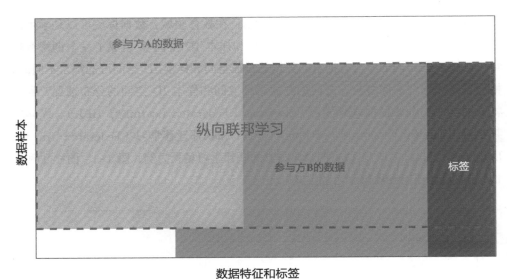

图 1-4　纵向联邦学习（按特征划分的联邦学习）[1]

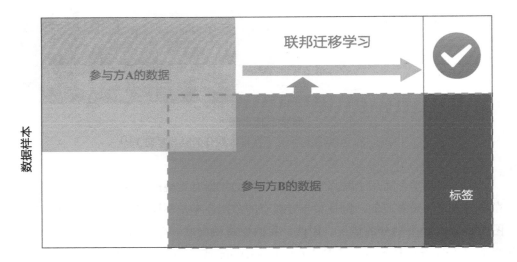

数据特征和标签

图 1-5　联邦迁移学习[1]

　　例如，当联邦学习的参与方是两家服务于不同区域市场的银行时，它们虽然可能只有很少的重叠客户，但是客户的数据可能因为相似的商业模式而有非常相似的特征空间。这意味着，这两家银行的用户的重叠部分较小，而数据特征的重叠部分较大，这两家银行就可以通过横向联邦学习来协同建立一个机器学习模型[1, 17]。

当两家公司（例如，一家银行和一家电子商务公司）提供不同的服务，但在客户群体上有非常大的交集时，它们可以在各自的不同特征空间上协作，为各自得到一个更好的机器学习模型。换言之，用户上的重叠部分较大，而数据特征的重叠部分较小，则这两家公司可以协作地通过纵向联邦学习方式训练机器学习模型[1, 17]。最近由文献[28–30]提出的分割学习（split learning），可以被看作纵向联邦学习的一种特殊形式。它在纵向联邦学习之上使用了深度神经网络（Deep Neural Network，DNN）。也就是说，分割学习主要使用了联邦学习的设置，并在纵向划分的数据集上训练 DNN[30]。

当联邦学习的参与方拥有的数据集在用户和数据特征上的重叠部分都比较小时，各参与方可以通过使用联邦迁移学习来协同地训练机器学习模型[1, 17]。

我们将会在第 4 章、第 5 章和第 6 章里分别详细地介绍横向联邦学习、纵向联邦学习和联邦迁移学习。

1.3　联邦学习的发展

在计算机科学和机器学习的发展史中，联邦学习的概念曾多次以不同的形式出现过，例如，面向隐私保护的机器学习（Privacy-Preserving Machine Learning）[31–34]、面向隐私保护的深度学习（Privacy-Preserving Deep Learning）[35–37]、协作式机器学习（Collaborative Machine Learning）[38]、协作式深度学习（Collaborative Deep Learning）[41–43]、分布式机器学习（Distributed Machine Learning）[41, 42, 43]、分布式深度学习（Distributed Deep Learning）[44, 29, 45]、联邦优化（Federated Optimization）[46, 47]和面向隐私保护的数据分析（Privacy-Preserving Data Analytics）[48–51]。我们将会在第 2 章和第 3 章里给出一些具体的例子。

1.3.1　联邦学习的研究

谷歌在 2016 年发表于 arXiv①上的论文里提出了联邦学习概念[12, 13]。从此，大量的相关研究被不断地发表在 arXiv 上，联邦学习已经成了人工智能社区里一个非

_____

① arXiv 是由康奈尔大学维护的电子文献库（e-print archive）。

常活跃的研究领域。最近，文献[1, 27, 52, 53]的作者们对近来联邦学习的学术研究和工业发展情况进行了详细的综述。

联邦学习的研究工作主要着眼于提升安全性以及处理统计学上的难题[1, 54]。文献[55]提出了对于纵向联邦学习的安全性提升方法 SecureBoost。这是一种新颖的、无性能损失的、隐私保护的提升树系统架构。SecureBoost 方法拥有和无隐私保护方法同等程度的准确度，这点已从理论上得到证明，即基于分布式数据集时，SecureBoost 框架与其他基于集中式数据集的梯度提升树有同样的准确度[55]。

文献[56]展示了一种能够灵活地适用于各种多方安全机器学习任务的联邦迁移学习框架。在这种框架中，允许知识在网络中通过迁移学习进行传输，且不必损害用户隐私。因此，通过借助源域方的大量标记，目标域就能够搭建更加灵活且高效的模型。

在联邦学习系统中，我们可以假设参与方是诚实的、半诚实的或恶意的。当一方是恶意的时，模型的数据可能会在训练过程中被污染。文献[25]探讨了关于由单一的、非勾结的恶意代理发起的联邦学习遭受恶意攻击的可能性。该文献调研了若干施行模型投毒攻击的策略，即便是被高度限制能力的恶意方，也能够在保持自身隐藏的同时进行模型投毒攻击。文献[25]表明了联邦学习设置的脆弱性，提倡发展有效的防御策略。

对现有的机器学习模型在联邦学习场景下进行讨论，已经成了一个新的研究方向。例如，文献[57]将联邦学习和强化学习结合起来，当各参与方更新本地模型时，将在共享信息中加入高斯差值，以此来保护数据和模型的隐私安全。该文献还展示了上述联邦强化学习模型的性能接近于将所有联合信息作为输入得到的基线模型的性能[57]。

文献[58]的研究成果表明，多任务学习很适合用于应对联邦学习中的统计学难题。该文献考虑了分布式多任务学习的通信开销、滞留问题（stragglers）和容错性，还提出了一种新颖的、系统层面的优化方法，且这种方法的性能相比文献提到的其他备选方法性能有了极大的改善[58]。

联邦学习已经被应用于计算机视觉领域，例如医学图像分析[59-61]。联邦学习也被应用于自然语言处理[62]和推荐系统领域[63]。我们将会在第 8 章里作更多的介绍。

关于联邦学习的应用，谷歌的研究人员将其应用于手机键盘的输入预测[18, 19, 64]，即谷歌的 Gboard 系统。这种方法大大提升了智能手机输入法预测的准确度，且不会泄露用户的隐私数据。Firefox 的研究人员在预测搜索词上使用了联邦学习[16]。此外，还有很多新的关于使联邦学习更为定制化的研究[58, 65]。

1.3.2　开源平台

人工智能的研究者对于联邦学习的兴趣并不局限于理论工作，关于联邦学习算法和系统的开发和部署也正在蓬勃发展。有许多关于联邦学习的开源项目正在迅速发展壮大。下面是几个具有代表性的例子。

• **Federated AI Technology Enabler (FATE)**[2] 是由微众银行①人工智能项目组发起的一个开源项目，该项目提供了一个安全的计算框架和联邦学习平台，以支持联邦人工智能生态的发展和运作[66]。FATE 平台实现了一种基于同态加密和多方计算的安全计算协议，支持一系列的联邦学习架构和安全计算算法，包括逻辑回归、决策树、梯度提升树、深度学习和迁移学习。关于 FATE 的更多信息，读者可以访问 GitHub FATE 网址[2] 和 FedAI 网址[66]。

• **TensorFlow**② **Federated**[26, 67–69] **(TFF)** 是一个为联邦学习和其他计算方法在去中心化数据集上进行实验的开源框架。TFF 让开发者能在自己的模型和数据上模拟实验现有的联邦学习算法，以及其他新颖的算法。TFF 提供的联邦学习模型训练模块也能够应用于去中心化数据集上，以实现非学习化的计算，例如聚合分析。TFF 的接口由两层构成：联邦学习应用程序接口（Application Programming Interface，API）和联邦学习核心 API。TFF 使得开发者能够声明和表达联邦计算，从而能够将其部署于各类运行环境中。TFF 包含的是一个单机的实验运行过程模拟器。

• **TensorFlow-Encrypted**[70] 是一个搭建于 TensorFlow 顶层的 Python 包，可以让研究人员和实践者使用面向隐私保护的机器学习方式进行实验。它提供了类似于 TensorFlow 的接口，旨在让用户不必成为机器学习、密码学、分布式系统和高性能计算的专家，便能轻松地使用这些现成的技术。

---

① 微众银行于 2014 年 12 月在中国获得银行牌照后开始营业，是中国第一家数字银行。微众银行严格遵守国家金融法律法规和监管政策，以合规经营和稳健发展为基础，致力于为普罗大众和微小企业提供差异化、有特色、优质便捷的金融服务。

② TensorFlow 是一个开源的深度学习框架，由谷歌公司开发和维护。TensorFlow 在深度学习的研究和实现中得到了广泛的应用。

- **coMind**[71, 72] 是一个训练面向隐私保护联邦深度学习模型的开源平台。coMind 的关键组件是联邦平均算法的实现[12, 73]，即在保护用户隐私和数据安全的前提下，协作地训练机器学习模型。coMind 搭建在 TensorFlow 的顶层并且提供实现联邦学习的高层 API。

- **Horovod**[74, 75] 由 Uber 创立，是一个深度学习的开源分布式训练框架。它基于开放的消息传输接口（Message Passing Interface，MPI），并工作在著名的深度学习框架如 TensorFlow 和 PyTorch① 的顶层。Horovod 旨在使得分布式深度学习变得快速且易用。Horovod 通过 MPI 支持联邦学习，目前还不支持加密方式。

- **OpenMined/PySyft**[26, 76–79] 提供了隐私保护的两种方法：联邦学习和差分隐私（Differential Privacy，DP）。OpenMined 还进一步支持多方安全计算和同态加密方法，能够支持两种以上的安全计算方法。可用于搭建安全和扩展性的机器学习模型的联邦学习框架[79]，OpenMined 已经将 PySyft 框架开源[78]。PySyft 是 PyTorch 的一个简单外挂扩展，对于熟悉 PyTorch 的用户，使用 PySyft 实现联邦学习系统是十分简单的。基于 TensorFlow 的联邦学习扩展正在 OpenMined 中进行研发。

1.3.3 联邦学习标准化进展

随着隐私保护和合理使用用户数据的法律法规取得了越来越多的进展，制定联邦学习的技术标准显得愈加重要，因为这能确保各组织未来在开发联邦学习系统时都使用一致的语言，并遵守标准要求。此外，技术社区也越来越需要就技术的使用与法规和法律社区进行沟通交流。因此，发展能够被各种条例规定所采纳的国际化技术标准是非常重要的。例如，正在努力适配 GDPR 要求的企业为了让自身合乎法规，需要知道自己需要何种技术。而标准能够在监管部门和技术开发者之间建立起一座桥梁。

最早的联邦学习标准是由微众银行人工智能项目组发起建立的 IEEE② P3652.1 Federated Machine Learning Working Group（简称为 Federated Machine Learning (C/LT/FML)）。该工作组已于 2018 年 12 月成立[3]。该联邦学习标准旨在提供一个搭建联邦学习的体系结构和应用的指导方针，并将会对体系结构和应用方案进行定义，主要包括以下四方面的内容。

---

① PyTorch 是一个著名的深度学习框架，广泛使用于深度学习的研究和实现。
② The Institute of Electrical and Electronics Engineers。

- 联邦学习的描述和定义。
- 联邦学习的分类和每个类别所适用的应用场景。
- 联邦学习的性能评估。
- 联合管控的要求。

　　此联邦学习标准为人工智能的商业应用提供了一种不需要直接交换数据的可行解决方案，在隐私和数据保护问题日益受到重视的大环境下，该标准有望促进在隐私保护和数据安全方面的合作。它将促进和允许使用分布式的数据源来开发人工智能，而不违反法律法规或者社会伦理。

1.3.4　联邦人工智能生态系统

　　联邦人工智能生态系统（FedAI Ecosystem）项目是由微众银行人工智能项目组发起的[66]。该项目的首要目标是促进保护用户隐私、数据安全和数据机密性的人工智能技术的发展。FedAI Ecosystem 包括以下四大特色主题。

1. 开源技术

　　FedAI Ecosystem 旨在加速联邦学习技术及其应用的发展，FATE[2] 是 FedAI 下的一个旗舰开源项目。

2. 标准和指导方针

　　FedAI Ecosystem 与其合作伙伴正在制定标准，以制定联邦学习的体系结构框架和应用指南，并促进行业协作。一个代表性的成果是 IEEE P3652.1 Guide for Architectural Framework and Application of Federated Machine Learning[3]。

3. 多方共识机制

　　正在研究激励和奖励机制，以鼓励更多的机构来持续地参与到联邦学习的研究和发展中。例如，FedAI Ecosystem 正在致力于建立一个基于区块链技术的多方共识机制。

4. 垂直行业的应用

　　发掘联邦学习的潜力，FedAI Ecosystem 正在努力发掘更多垂直领域的联邦学习应用场景和搭建新的业务模型。

CHAPTER 2

隐私、安全及机器学习

本章介绍面向隐私保护的机器学习相关的背景知识，包括面向隐私保护的机器学习技术和数据分析。

2.1 面向隐私保护的机器学习

不断发生的数据泄密和隐私侵权事件使得社会公众更加认识到，在人工智能系统的构建与使用过程中，需要保护用户隐私和数据机密性。近来，研究人员们正着眼于开发能够在机器学习系统中使用的隐私保护技术，由此产生的系统便称作面向隐私保护的机器学习（Privacy-Preserving Machine Learning, PPML）系统。事实上，2018年被认为是 PPML 技术取得重大突破的一年[54]。PPML 是一个广义的术语，指的是使用了保护用户隐私和数据安全的防御技术的机器学习。此外，系统安全和密码学社区也给机器学习提供了各种各样的安全框架。

Alan F. Westin 为信息安全做出了如下定义[80]："由个人、团体或机构自行决定何时、如何以及在多大程度上将有关他们的信息传达给他人。"这在本质上定义了控制访问和处理信息的权力。信息安全的主要思想是控制对个人信息的收集和处理的过程[48]。

本章将会介绍在 PPML 中使用的一些著名方法，包括以下概念：安全多方计算（Secure Multi-party Computation，MPC）、供隐私保护模型训练和预测使用的同态加密方法（Homomorphic Encryption，HE）和用于防止数据泄露的差分隐私（Differential Privacy，DP）方法。分布式机器学习中的隐私保护梯度下降方法将会在第 3 章进行讨论。

2.2 面向隐私保护的机器学习与安全机器学习

在讨论面向隐私保护的机器学习（PPML）的细节之前，我们首先要厘清 PPML 和安全机器学习（Secure ML）的区别。这二者的区别主要是在于它们被设计用来应对不同类型的安全威胁[81]。在安全机器学习中，敌手（抑或攻击者）被假设违反了机器学习系统的完整性和可用性。而在 PPML 中，敌手被假设违反了机器学习系统的隐私性和机密性。

有时安全方面的危机是由第三方故意攻击造成的。我们关注机器学习中的三种主要攻击类型。

1. 完整性（Integrity）

对完整性的攻击可能导致机器学习系统会出现检测错误，例如可能会将入侵点检测为正常（假阴性）。

2. 可用性（Availability）

对可用性的攻击可能导致系统会出现分类错误（假阴性和假阳性），即系统会变成不可用的。这是比完整性攻击更宽泛的一种攻击类型。

3. 机密性（Confidentiality）

对机密性的攻击可能导致一些机器学习系统中的敏感信息（如训练数据或训练模型）会出现泄露。

表 2–1 给出了 PPML 和安全机器学习在安全威胁、攻击模式和防御方法上的比较。

表 2–1　PPML 和安全机器学习的比较

	安全威胁	攻击模式	防御方法
PPML	● 隐私性 ● 机密性	● 重构攻击 ● 模型反演攻击 ● 成员推理攻击	● 安全多方计算 ● 同态加密 ● 差分隐私
安全机器学习	● 完整性 ● 可用性	● 投毒攻击 ● 对抗攻击 ● 询问攻击	● 防御精馏 ● 对抗训练 ● 正则化

本章主要着眼于 PPML 以及机器学习中应对隐私和机密性侵犯的防御技术。感兴趣的读者可以参阅文献[81]获取关于安全机器学习更详细的论述。

2.3　威胁与安全模型

2.3.1　隐私威胁模型

为了在机器学习中保护隐私和完整性，有必要理解可能的安全威胁模型。在机器学习任务中，参与方通常会扮演三种不同的角色[49]：

● 输入方，如数据的原始拥有者。

● 计算方，如模型建立者和推理服务提供者。

● 结果方，如模型查询者和用户。

对机器学习系统的攻击可能在任何阶段发生，包括数据发布、模型训练和模型推理。在模型训练阶段发生的攻击叫作**重构攻击**（Reconstruction Attacks）。计算方的目的是重构数据提供者的原始数据，或者学习关于数据的更多信息，而不是最终模型所提供的信息。重构攻击是联邦学习的主要隐私关注点。在模型推理阶段，一个敌对的结果方可能会使用反向工程技术来获取模型的额外信息，以此实施**模型反演攻击**（Model Inversion Attacks）或**成员推理攻击**（Membership-Inference Attacks）。**特征推理攻击**（Attribute-Inference Attacks）则发生在数据发布阶段。

1. 重构攻击

敌手的目标是在模型的训练期间抽取训练数据，或抽取训练数据的特征向量。在集中式学习中，来自不同数据方的数据被上传至计算方，这使得数据很容易受到敌手（例如一个具有恶意的计算方）的攻击。大型企业可能会从用户中收集原始数据，然而收集到的数据可能用于其他目的或者是未经用户知情同意便传达给第三方。在联邦学习中，每一个参与方使用自己的本地数据来训练机器学习模型，只将模型的权重更新和梯度信息与其他参与方共享。然而，如果数据结构是已知的，梯度信息可能也会被利用，从而泄露关于训练数据的额外信息[82]。明文形式的梯度更新可能也会在一些应用场景中违反隐私规定。为了抵御重构攻击，应当避免使用存储显式特征值的机器学习模型，例如支持向量机（SVM）和 k 近邻（kNN）模型。在模型训练过程中，安全多方计算和同态加密可以被用来通过保护计算中间结果来抵御重构攻击。在模型推断过程中，计算方只应当被授予对模型的黑盒访问权限。安全多方计算和同态加密可以被用于在模型推断阶段保护用户请求数据的隐私。安全多方计算和同态加密以及它们在 PPML 中的应用将分别在2.4.1节和2.4.2节讨论。

2. 模型反演攻击

敌手被假设为对模型拥有白盒访问权限或黑盒访问权限。对于白盒访问，敌手不需要存储特征向量便能获取模型的明文内容。对于黑盒访问，敌手只能查询模型的数据和收集返回结果。敌手的目的是从模型中抽取训练数据或训练数据的特征向量。拥有黑盒权限的敌手也可能会通过实施方程求解攻击，从回应中重构模型的明文内容。理论上，对于一个 N 维的线性模型，一个敌手可以通过 $N+1$ 次查询来窃取整个模型的内容。该问题的形式化是从 $(x, h_\theta(x))$ 中求解 θ。敌手也能通过"查询-回应"过程对来模拟出一个与原始模型相似的模型。为了抵御模型反演攻击，应当向敌手暴露尽可能少的关于模型的信息。对模型的访问应当被限制为黑盒访问，模型输出同样应当受限。有几种策略可以降低模型反演攻击的成功率。文献[83]的作者选择仅仅返回舍入后的预测值。文献[84]的作者选择将预测的类别标签作为返回结果，并且返回聚合的多个测试样本的预测结果，以进一步增强对模型的保护。同态加密的贝叶斯神经网络也被用于通过安全神经网络推断抵御此类攻击[85]。

3. 成员推理攻击

敌手对模型至少有黑盒访问权限，同时拥有一个特定的样本作为其先验知识。敌手的目标是判断模型的训练集中是否包含特定的样本。敌手通过机器学习模型的输出试图推断此样本是否属于模型的训练集。敌手的目标是获知给定样本是否在模型的训练集中。敌手被假设为对模型拥有白盒访问权限或黑盒访问权限和一个样本。敌手将基于机器学习模型的输出来推理一个样本数据是否隶属于该模型的训练集。

4. 特征推理攻击

敌手出于恶意目的，将数据去匿名化或锁定记录的拥有者。在数据被发布之前，通过删除用户的个人可识别信息（也称为敏感特征）来实现匿名化，是保护用户隐私的一种常用方法。然而，这种方法已被证明并非十分有效。例如，世界最大的在线电影租售服务供应公司 Netflix 发布了一个包含来自 50 万个订阅用户的电影评级数据集。尽管使用了匿名化，但文献[86]的作者利用这个数据集和互联网电影数据库 IMDB 作为背景知识，重新识别出了该记录中的 Netflix 用户，并进一步推断出了用户的明显政治偏好。这说明在面对能够获取其他背景知识的强大敌手时，匿名化将会失效。为了应对特征推理攻击，文献[48]提出了群组匿名化隐私方法，这类方法通过泛化（generalization）和抑制（repression）机制实现隐私保护。

2.3.2　攻击者和安全模型

对于密码学 PPML 技术，包括安全多方计算和同态加密，现有研究工作涉及两种类型的敌手。

- **半诚实的 (Semi-honest) 敌手：** 在半诚实（抑或诚实但好奇的 (honest-but-curious)、被动的）敌手模型中，敌手诚实地遵守协议，但也会试图从接收到的信息中学习更多除输出以外的信息。

- **恶意的 (Malicious) 敌手：** 在恶意的（抑或主动的）敌手模型中，敌手不遵守协议，可以执行任意的攻击行为。

大多数的 PPML 研究都考虑了半诚实的敌手模型。主要原因是，在联邦学习中，诚实地遵守协议是对各方都有利的，恶意的行为也会损害敌手自身的利益。另一个原因是，在密码学中，首先建立一个针对半诚实的敌手的安全协议是一种标准的方法，然后可以通过零知识证明（zero-knowledge proof）对其进行加强，进而防御恶意的敌手的攻击。

对于每个安全模型，敌手会攻击一部分参与方使之腐败，而腐败的参与方可能相互勾结。参与方的腐败可以是静态的（static），也可以是自适应的（adaptive）。敌手的复杂度可以是多项式时间（polynomial-time）的或无计算界限（computational unbounded）的，分别对应计算安全和信息理论安全。密码学中的安全性以不可区分性（indistinguishability）为基础。感兴趣的读者可以参考文献[87, 88]以获取关于敌对和安全模型的详细分析。

2.4 隐私保护技术

本节讨论隐私保护技术，包括三种方法，分别是安全多方计算、同态加密和差分隐私。

2.4.1 安全多方计算

安全多方计算最初是针对一个安全两方计算问题，即所谓的"百万富翁问题"而被提出的，并于 1982 年由姚期智提出和推广[89]。在安全多方计算中，目的是协同地从每一方的隐私输入中计算函数的结果，而不用将这些输入展示给其他方。安全多方计算告诉我们，对于任何功能需求，我们都可以在不必显示除了输出以外的前提下计算它。

1. 安全多方计算的定义

安全多方计算允许我们计算私有输入值的函数，从而使每一方只能得到其相应的函数输出值，而不能得到其他方的输入值与输出值。例如，假设一个私有的数值 x 被分给 n 位共享方，则每一方 P_i 只能获知 x_i 的内容，所有方能够协同地计算

$$y_1, ..., y_n = f(x_1, ..., x_n).$$

所以，P_i 只能根据自己的输入 x_i 来获知输出值 y_i，而不能得知任何额外的信息。

证明安全多方计算协议是安全的标准方法为仿真范式（simulation paradigm）[90]。为了证明安全多方计算协议在仿真范式下可以抵御使 t 方腐败的敌手，需要构建一个模拟器，当给定 t 个勾结方的输入和输出时，生成 t 个交互序列，从而使生成的交互序列与实际协议中生成的交互序列之间无法区分。

通常情况下，安全多方计算能够通过三种不同的框架来实现：不经意传输（Oblivious Transfer，OT）[91, 92]、秘密共享（Secret Sharing，SS）[93, 94] 和阈值同态加密（Threshold Homomorphic Encryption，THE）[20, 21]。从某种程度上讲，不经意传输协议和阈值同态加密方法都使用了秘密共享的思想，这可能就是为什么秘密共享被广泛认为是安全多方计算的核心。在本节的剩余部分中，我们将会介绍不经意传输和秘密共享。

2. 不经意传输

不经意传输是一种由 Rabin 在 1981 年提出的两方计算协议[95]。在不经意传输中，发送方拥有一个"消息-索引"对 $(M_1, 1), \cdots, (M_N, N)$。在每次传输时，接收方选择一个满足 $1 \leqslant i \leqslant N$ 的索引 i，并接收 M_i。接收方不能得知关于数据库的任何其他信息，发送方也不能了解关于接收方 i 选择的任何信息。在这里，我们给出 n 取 1 的不经意传输（1-out-of-n 不经意传输）的定义。

定义 2–1　n 取 1 的不经意传输：设 A 方有一个输入表 $(x_1, \cdots, x_n)$ 作为输入，B 方有 $i \in 1, \cdots, n$ 作为输入。n 取 1 的不经意传输是一种安全多方计算协议，其中 A 不能学习到关于 i 的信息，B 只能学习到 x_i。

当 $n = 2$ 时，我们得到了具有以下性质的 2 取 1 的不经意传输（1-out-of-2 不经意传输），2 取 1 的不经意传输对两方安全计算是普适的[96]。换言之，给定一个 2 取 1 的不经意传输，我们可以执行任何的安全两方计算操作。

研究者已发表了许多不经意传输的构造方法，例如 Bellare-Micali 构造[97]、Naor-Pinka 构造[98] 以及 Hazay-Lindell 构造[99]。此处，我们介绍不经意传输的 Bellare-Micali 构造。该构造使用了 Diffie-Hellman 密钥交换（Diffie-Hellman key exchange）算法，并假设计算 Diffie-Hellman 假设（Computational Diffie-Hellman (CDH) assumption）成立[100]。

Bellare-Micali 构造的工作原理如下：接收方向发送方发送两个公钥。接收方只拥有与两个公钥之一对应的一个私钥，并且发送方不知道接收方有哪一个公钥的密钥。之后，发送方用收到的两个公钥分别对它们对应的两个消息加密，并将密文发送给接收方。最后，接收方使用私有密钥解密目标密文。

(1) Bellare-Micali 构造。设有离散对数 $(\mathbb{G}, g, p)$，其中 $\mathbb{G}$ 是一组素数阶，p，$g \in \mathbb{G}$ 是一个随机数生成器，且 $H : G \to \{0,1\}^n$ 是一个哈希函数。设发送方 A 有 $x_0, x_1 \in \{0,1\}^n$，接收方 B 有 $b \in \{0,1\}$。

- A 选择一个随机元素 $c \leftarrow G$ 并将其发送给 B。
- B 选择 $k \leftarrow \mathbb{Z}_p$ 并设 $\mathrm{PK}_b = g^k$，$\mathrm{PK}_{1-b} = c/\mathrm{PK}_b$，之后将 PK_0 发送给 A。A 设 $\mathrm{PK}_1 = c/\mathrm{PK}_0$。
- A 使用参数为 PK_0 的 ElGamal 方法对 x_0 进行加密（如设 $C_0 = [g^{r_0}$，$\mathrm{HASH}(\mathrm{PK}_0^{r_0})x_0]$ 并使用 PK_1 加密 x_1）。之后，A 给 B 发送 (C_0, C_1)。
- B 使用私有密钥 k 对 C_b 进行解密，从而得到 $x_b = \mathrm{PK}_b^r x_b / g^{r_b k}$。

(2) 姚氏混淆电路 (Yao's Garbled Circuit, GC)[89]。一种著名的基于不经意传输的两方安全计算协议，它能够对任何函数进行求值。混淆电路的中心思想是将计算电路（我们能用与电路、或电路、非电路来执行任何算术操作）分解为产生阶段和求值阶段。每一方都负责一个阶段，而在每一阶段中电路都被加密处理，所以任何一方都不能从其他方获取信息，但他们仍然可以根据电路获取结果。混淆电路由一个不经意传输协议和一个分组密码组成。电路的复杂度至少是随着输入内容的增大而线性增长的。在混淆电路发表后，Goldreich-Micali-Wigderson (GMW)[91] 将混淆电路扩展使用于多方，用以抵抗恶意的敌手。有关混淆电路的更多信息，读者可以参考文献[101]。

(3) 不经意传输扩展。Rudich 等学者在文献[102]中实验得出，不经意传输需要一个"公共密钥"类型的设定（例如因素分解、离散对数等）。然而，文献[103]中指出，不经意传输可以"扩展"，即只需基于公钥密码学生成少量的"种子"便足够了，而这些"种子"又可以只使用对称密钥密码体制来扩展到任意数量的不经意传输中。目前，不经意传输扩展被广泛用于安全多方计算协议中以提高效率[32, 92, 104]。

3. 秘密共享

秘密共享是指通过将秘密值分割为随机多份，并将这些份（或称共享内容）分发给不同方来隐藏秘密值的一种概念。因此，每一方只能拥有一个通过共享得到的值，即秘密值的一小部分[93, 105]。根据具体的使用场合，需要所有或一定数量的共享数值来重新构造原始的秘密值[93, 106]。例如，Shamir 秘密共享（Shamir's Secret Sharing）是基于多项式方程建立的，实现了理论上的信息安全，而且有效地使用了矩阵运算加速方法[93]。秘密共享主要包括算数秘密共享（Arithmetic Secret Sharing）[107]、Shamir 秘密共享[93] 和二进制秘密共享（Binary Secret Sharing）[108] 等方式。鉴于多数基于安全多方计算的面向隐私保护的机器学习研究都采用算数秘密共享，并且二进制秘密共享与上文讨论的不经意传输密切相关，此处我们着重讨论算数秘密共享。

设有一方 P_i 想要给有限域 F_q 中的 n 个不同参与方 $\{P_i\}_{i=1}^n$ 分享一个秘密值 S。为了分享 S，P_i 随机地从 $\mathbb{Z}_q$ 中采样 $n-1$ 个值 $\{s_i\}_{i=1}^{n-1}$，并设 $s_n = S - \sum_{i=1}^{n-1} s_i \bmod q$。之后，对于 $k \neq i$，P_i 将 s_k 分配给 P_k。我们将被分享的 S 设为 $\langle S \rangle = \{s_i\}_{i=1}^n$。

算术加法运算操作在每一方的本地执行，安全乘法通过使用乘法三元组（即 Beaver 三元组，Beaver triples）[109] 执行。乘法三元组能够在离线阶段（如预处理）中产生。离线阶段可作为一个**被信任的处理方**（trusted dealer），能生成乘法三元组 $\{(\langle a \rangle, \langle b \rangle, \langle c \rangle) | ab = c\}$ 并能在 n 间分配共享。

为了计算 $\langle z \rangle = \langle x \rangle \cdot \langle y \rangle = \langle x * y \rangle$，$\{P_i\}_{i=1}^n$ 首先计算 $\langle e \rangle = \langle x \rangle - \langle a \rangle$，$\langle f \rangle = \langle y \rangle - \langle b \rangle$。之后，$e$ 和 f 被重构。最终，P_i 在本地计算得到 $\langle z \rangle = \langle c \rangle + e\langle x \rangle + f\langle y \rangle$，一个随机方 P_j 将自己的共享值加到 e 和 f 上。我们把向量的对应元素（element-wise）相乘表示为 $\langle \cdot \rangle \odot \langle \cdot \rangle$。

算数秘密共享中的安全乘法也能利用 Gilboa 协议[110] 来实现，即 n 位的算术乘法可以通过 n 个 2 取 1（1-out-of-2）的不经意传输来执行 (OTs)。假设 A 方拥有 x 且 B 方拥有 y。使用 Gilboa 协议，即 A 拥有 $\langle z \rangle_A$ 且 B 拥有 $\langle z \rangle_B$，有 $z = x \cdot y$。设 l 为此协议中数字的二进制表示的最大位数。设 m 个 l 位字符串的 2 取 1 的不经意传输可表示为 OT_l^m。设 x 的第 i 位为 $x[i]$。通过不经意传输方法实现的安全两方计算能通过以下方式描述：

- A 方以二进制格式表示 x。
- B 方建立 OT_l^l。对于第 i 个不经意传输，随机地选取 $a_{i,0}$ 并计算 $a_{i,1} =$

$2^i y - a_{i,0}$。将 $(-a_{i,0}, a_{i,1})$ 作为第 i 个的不经意传输的输出。

- A 方输入 $x[i]$ 作为第 i 个不经意传输中的选择位，并获得 $x[i] \times 2^i y - a_{i,0}$。
- A 方计算 $\langle z \rangle_A = \sum_{i=1}^l (x[i] \times 2^i y - a_{i,0})$，B 方计算 $\langle z \rangle_B = \sum_{i=1}^l a_{i,0}$。

在能够产生乘法三元组并且将其分发给各方的**半可信处理方**（semi-honest dealer）的帮助下，离线阶段能够有效地执行。若要在没有**半可信处理方**的情况下执行预处理步骤，有以下几种协议可供使用，如 SPDZ[107]、SPDZ-2[111]、MASCOT[92] 及 HighGear[112]。

- SPDZ 是预处理中的一种离线协议，基于一种 BGV 形式的些许同态加密（Somewhat Homomorphic Encryption，SHE），首次发表于文献[107]。
- SPDZ-2 是一种基于阈值同态加密密码学（拥有共享解密密钥）的协议。
- MASCOT 是一种基于不经意传输的协议，首次发表于文献[92]，它在计算上远比前两种协议高效。
- 在 2018 年，文献[112]的作者开发出一种基于 BGV 的 SHE 协议，称为 High-Gear 协议，拥有比 MASCOT 更好的性能。

4. 安全多方计算在 PPML 中的应用

过去人们已经为 PPML 设计并实现了各种基于安全多方计算的方法。大多数基于安全多方计算的 PPML 方法利用两阶段架构，包括离线阶段和在线阶段。大多数密码操作都在离线阶段执行，在离线阶段生成乘法三元组。之后，于在线阶段使用离线阶段生成的乘法三元组对机器学习模型进行训练。DeepSecure[113] 是一个基于混淆电路的安全神经网络推理框架，其中推理函数必须表示为一个布尔电路。在加密电路中，计算和通信开销只取决于电路中与门的总数和。

SecureML[32] 是另一种使用两阶段架构的 PPML 两方框架。在联邦学习中，各方将其数据的算术共享信息，分配给两个运行着安全的两方模型训练协议的非勾结服务器。该方法提出了基于线性同态加密 (Linearly Homomorphic Encryption Scheme, LHE) 和基于不经意传输的离线乘法三元组生成协议。在线阶段以算术秘密共享和除法混淆电路为基础。因此，模型训练中只允许进行线性运算，并且会对非线性函数进行多种近似计算。

Chameleon 框架是另一种基于神经网络模型推理的 ABY 方法的混合安全多方计算框架[104]。算术秘密共享被用于执行线性运算操作，混淆电路和 GMW 被用于进行非线性操作。该框架还实现了一种转换协议，以便在不同协议间进行数据表示。

基于不经意传输的隐私保护 ID3 学习发表于文献[114]。Shamir 的阈值秘密共享被用于 PPML 的安全模型聚合，针对诚实但好奇的敌手和恶意的敌手具有安全性。文献[115]中一组客户使用安全多方计算以评估他们的隐私输入模型的平均值，并将平均值公开给参数服务器进行模型更新。近年来，研究人员对基于安全多方计算的防范恶意破坏的各类方法进行了研究。例如，文献[116]研究了线性回归和逻辑回归训练与评估。文献[117]的作者认为 SPDZ$_{2^k}$[118] 能够有效地保护隐私机器学习不受不诚实的多数人攻击，并实现了决策树和支持向量机（SVM）评估算法。

2.4.2　同态加密

同态加密逐渐被认为是在 PPML 中实现安全多方计算的一种可行方法。同态加密也能被用来实现在2.4.1节中讨论的安全多方计算。作为一种不需要对密文进行解密的密文计算解决方案，同态加密的概念首先由 Rivest 等人在 1978 年提出[119]。从那时起，世界各地的研究者们进行了许多研究，尝试设计这样的同态方案。

由文献[120]于 1982 年提出的加密系统是一种拥有很高安全级别的安全可证明加密方法，它允许对密文进行加法运算，但只能对单一位进行加密。Paillier 在 1999 年提出了一种可证的安全加密系统[121]，此系统也能允许对密文进行加法运算，并已经在很多应用中被广泛使用。在 2005 年，Boneh 等人发明了一种允许无限次数的加法运算和一次乘法运算的可证安全加密系统[122]。Gentry 在 2009 年实现了突破，发布了第一个能够支持无限次数的加法运算和乘法运算的同态加密方法[123]。

1. 同态加密的定义

同态加密方法 $\mathcal{H}$ 是一种通过对相关密文进行有效操作（不需获知解密密钥），从而允许在加密内容上进行特定代数运算的加密方法。一个同态加密方法 $\mathcal{H}$ 由一个四元组组成：

$$\mathcal{H} = \{\text{KeyGen}, \text{Enc}, \text{Dec}, \text{Eval}\}, \tag{2-1}$$

式中，KeyGen 表示密钥生成函数。对于非对称同态加密，一个密钥生成元 g 被输入 KeyGen，并输出一个密钥对 $\{\text{pk}, \text{sk}\} = \text{KeyGen}(g)$，其中 pk 表示用于明文加密的公钥（public key），sk 表示用于解密的密钥（secret key）。对于对称同态加密，只生成一个密钥 $sk = KeyGen(g)$。Enc 表示加密函数。对于非对称同态加密，一个加密函数以公钥 pk 和明文 m 作为输入，并产生一个密文 $c = Enc_{pk}(m)$ 作为输出。对于对称同态加密，加密过程会使用公共密钥 sk 和明文 m 作为输入，并生成密文 $c = Enc_{sk}(m)$。Dec 表示解密函数。对于非对称同态加密和对称同态加密，隐私密钥 sk 和密文 c 被用来作为生成相关明文 $m = Dec_{sk}(c)$ 的输入。Eval 表示评估函数。评估函数 Eval 将密文 c 和公共密钥 pk（对于非对称同态加密）作为输入，并输出与明文对应的密文。

设 $Enc_{pk}(\cdot)$ 表示使用 pk 作为加密密钥的加密函数。设 $\mathcal{M}$ 表示明文空间，且 $\mathcal{C}$ 表示密文空间。一个安全密码系统若满足以下条件，则可被称为 **同态的**（homomorphic）：

$$\forall m_1, m_2 \in \mathcal{M}, \quad Enc_{pk}(m_1 \odot_{\mathcal{M}} m_2) \leftarrow Enc_{pk}(m_1) \odot_{\mathcal{C}} Enc_{pk}(m_2). \qquad (2\text{-}2)$$

对于 $\mathcal{M}$ 中的运算符 $\odot_{\mathcal{M}}$ 和 $\mathcal{C}$ 中的运算符 $\odot_{\mathcal{C}}$，$\leftarrow$ 符号表示左边项等于或可以直接由右边项计算出来，而不需要任何中间解密。在本书中，我们将同态加密运算符设为 $[[\cdot]]$，并且对密文的加法操作和乘法操作按如下方式重载：

- **加法：** $Dec_{sk}([[u]] \odot_{\mathcal{C}} [[v]]) = Dec_{sk}([[u + v]])$。在 Paillier 方案[121] 中，"$\odot_{\mathcal{C}}$" 可以表示密文的乘法。
- **标量乘法：** $Dec_{sk}([[u]] \odot_{\mathcal{C}} n) = Dec_{sk}([[u \cdot n]])$。在 Paillier 方案[121] 中，"$\odot_{\mathcal{C}}$" 可以表示取密文的 n 次方。

2. 同态加密的分类

同态加密方法分为三类：部分同态加密 (Partially Homomorphic Encryption, PHE)，些许同态加密 (Somewhat Homomorphic Encryption, SHE) 和全同态加密 (Fully Homomorphic Encryption, FHE)。通常来讲，对于同态加密方法，计算的复杂度是随功能性一同增长的。这里对不同种类的同态加密方法进行简短的介绍。感兴趣的读者可以参考文献[124]和[125]来获知更多内容。

（1）部分同态加密 (PHE)。 对于部分同态加密方法，$(\mathcal{M}, \odot_{\mathcal{M}})$ 和 $(\mathcal{C}, \odot_{\mathcal{C}})$ 都是群。操作符 $\odot_{\mathcal{C}}$ 能够无限次数地用于密文。PHE 是一种**群同态**（group homomorphism）技术。特别地，若 $\odot_{\mathcal{M}}$ 是加法运算符，则该方案可被称为**加法同态的**

（additively homomorphic），若 $\odot_M$ 是乘法运算符，则该方案被称为**乘法同态的**（multiplicative homomorphic）。文献[126]和[127] 分别提出了两种典型的乘法同态加密方法。关于加法同态加密方法的例子，读者可以查阅文献[120, 121]。

（2）些许同态加密 (SHE)。 些许同态加密方法指一同态加密方法中的一些运算操作（如加法和乘法）只能执行有限次。一些文献中也定义 SHE 为只有有限数量的某些电路（如跳转程序[128]、混淆电路[89]）能够支持进行任意次数的运算。例如 BV[129]、BGN[122] 和 IP[128]。SHE 方法为了安全性，使用了**噪声**（noise）数据。每一次在密文上的操作会增加密文上的噪声量，而乘法操作是增加噪声量的主要技术手段。当噪声量超过一个上限值后，解密操作就不能得出正确结果了。这就是为什么绝大多数的 SHE 方法会要求限制计算操作的次数。

(3) 全同态加密 (FHE)。 全同态加密方法允许对密文进行无限次数的加法运算和乘法运算操作。值得注意的是，要实现任意的函数计算，**加法**（additive）和**乘法**（multiplicative）操作是唯二所需要的操作。设 $A, B \in \mathbb{F}_2$。**与非门**（NAND gate）可以通过公式"$1 + A * B$"计算得到。由于功能上的完备性，与非门能够用来构建任何门电路。因此，FHE 能够计算任何函数功能。FHE 分为四种[125]：Ideal Lattice-based FHE [123]、Approximate-GCD based FHE [130]、(R)LWE-based FHE [131, 132] 和 NTRU-like FHE[133]。

目前的 FHE 建立在 SHE 的基础之上，并通过实现代价高昂的自助法（bootstrap）操作实现。Bootstrap 操作通过执行解密、密文上的加密操作和对密钥加密来对密文进行重加密，以减少密文在后续计算中的噪声量。由于自助法的代价高昂，FHE 方案十分缓慢且在实践中往往不优于传统的安全多方计算方法。因此，许多研究人员目前正着眼于发现满足特定需求的、更有效的 SHE 方法，而非去发掘 FHE 方法。此外，FHE 还需假设循环安全性（或称 KDM 安全性），即通过使用公共密钥来加密隐私密钥，从而使隐私密钥变得安全。然而，没有 FHE 能够被证明在任何功能下都是安全的，并且 FHE 具有针对不可区分的选择密文攻击（IND-CCA1）的安全性[125]。

3. 同态加密在 PPML 中的应用

过去有许多基于同态加密的研究成果被用于 PPML 中。例如，文献[134]提出了用于纵向划分数据的隐私保护两方逻辑回归算法。该研究利用 Paillier 方法进行安全梯度下降，以训练逻辑回归模型，其中通过 Paillier 方法加密的掩码和各方计算得到的中间数据执行常数乘法运算和加法运算。在安全梯度下降算法中，双方交换加密过的中间结果掩码。最后，将加密的梯度信息发送给协调方进行解密和模型更新。

CryptoNets[135] 是由微软发布的一种基于同态加密的方法，可以允许在云服务器上对已训练的神经网络的加密查询进行安全评估（推理）：来自客户的查询可以直接被云服务器上的已训练神经网络安全地识别，而不需要对查询或结果进行任何推理。CryptoDL[136] 框架是一种基于层次化同态加密的安全神经网络推理方法。在 CryptoDL 中，多个激活函数由低次多项式进行近似逼近，并使用平均池化（mean-pooling）代替了最大池化（max-pooling）。GAZELLE[137] 框架是一种可扩展、低延迟的安全神经网络推理系统。在 GAZELLE 中，为了在神经网络推理中进行安全非线性函数评估，该方法将同态加密和传统的安全两方计算技术（如混淆电路）巧妙地结合在一起。GAZELLE 采用的封装加法同态加密（Packed Additive Homomorphic Encryption, PAHE）允许在加密数据上进行单指令多数据（Single Instruction Multiple Data, SIMD）的算术同态运算操作。

FedMF[138] 使用 Paillier 的同态加密方法，实现了假设面对诚实但好奇的服务器和诚实客户条件下的安全联邦矩阵因子分解。安全联邦迁移学习在文献[56]中通过 Paillier 方法进行了研究，其中在解密过程中，半诚实的第三方被混合同态加密方法抛弃，该方法加入了加法秘密共享。

2.4.3　差分隐私

差分隐私最开始被开发用来促进在敏感数据上的安全分析。随着机器学习的发展，差分隐私再次成了机器学习社区中的一个活跃的研究领域。来自差分隐私的许多令人激动的研究成果都能够被应用于 PPML[139, 140]。差分隐私的中心思想是，当敌手试图从数据库中查询个体信息时将其混淆，使得敌手无法从查询结果中辨别个体级别的敏感性。

1. 差分隐私的定义

差分隐私是由 Dwork 在 2006 年首次提出的一种隐私定义[139]，是在统计披露控制背景下发展起来的。它提供了一种信息理论安全性保障，即函数的输出结果对数据集中的任何特定记录都不敏感。因此，差分隐私能被用于抵抗成员推理攻击。(ϵ, δ)-差分隐私的定义如下：

定义 2-2　(ϵ, δ)-差分隐私。对于只有一个记录不同的两个数据集 D 和 D'，一个随机化机制 $\mathcal{M}$ 可保护 (ϵ, δ)-差分隐私，并且对于所有的 $S \subset \text{Range}(\mathcal{M})$ 有：

$$\Pr[\mathcal{M}(d) \in S] \leqslant \Pr[\mathcal{M}(D') \in S] \times \mathrm{e}^{\epsilon} + \delta, \tag{2-3}$$

式中，ϵ 表示隐私预算；δ 表示失败概率。

$\ln \frac{\Pr[\mathcal{M}(D) \in S]}{\Pr[\mathcal{M}(D') \in S]}$ 的值被称为 **隐私损失**（privacy loss），其中 ln 表示自然对数运算。当 $\delta = 0$ 时，便得到了性能更好的 ϵ-差分隐私。

差分隐私在向数据引入噪声的同时，权衡了实用性和隐私性。文献[141]的作者发现，现有的用于机器学习的差分隐私机制，很少能具有可接受的实用性-隐私性权衡程度，即提供较少精度损失的设置便会导致较差的隐私保护，提供较好隐私保护的设置会导致较多的精度损失。

2. 差分隐私方法分类

主要有两种方法通过给数据加上噪声实现差分隐私。一种是根据函数的敏感性增加噪声[139]，一种是根据离散值的指数分布选择噪声[142]。

实值函数的敏感性可以表示为由于添加或删除单个样本，函数值可能发生变化的最大程度。

定义 2-3　敏感性（Sensitivity）。对于只有一个记录不同的两个数据集 D 和 D'，一个对于任意域的函数 $\mathcal{M} : \mathcal{D} \to \mathcal{R}^d$，则 $\mathcal{M}$ 的敏感性为 $\mathcal{M}$ 在接收所有可能的输入后，得到的输出的最大变化值：

$$\Delta \mathcal{M} = \max_{D, D'} \|\mathcal{M}(D) - \mathcal{M}(D')\|, \tag{2-4}$$

式中，$\|\cdot\|$ 表示向量的范数。l_1-敏感性和 l_2-敏感性分别适用于 l_1 范数和 l_2 范数。

我们使用参数 b 设定拉普拉斯分布 $\text{Lap}(b)$。$\text{Lap}(b)$ 的概率密度函数为 $P(z|b) = \frac{1}{2b}\exp(-|z|/b)$。给定函数 $\mathcal{M}$ 具有敏感性 $\Delta \mathcal{M}$，则从校准的拉普拉斯分布 $\text{Lap}(\mathcal{M}/\epsilon)$ 中得到的噪声加法能够保持 ϵ-差分隐私[139]。

定理 2-1　给定对于任意域 D 的函数 $\mathcal{M} \mathcal{D} \to \mathcal{R}^d$，对于任何输入 X，函数：

$$\mathcal{M}(X) + \text{Lap}\left(\frac{\Delta \mathcal{M}}{\epsilon}\right)^d \tag{2-5}$$

提供 ϵ-差分隐私。ϵ-差分隐私也能够通过在每个输出项 d 中加入来自拉普拉斯分布 $Lap(\mathcal{M}/\epsilon)$ 的独立生成的拉普拉斯噪声来实现。

若加入高斯噪声或二项式噪声，则可将函数扩展至 l_2-敏感性，这样有时可以达到更好的准确度，但只能保证较弱的 (ϵ, δ)-差分隐私[143, 144]。

指数机制（exponential mechanism）[142] 是实现差分隐私的另一种方法。指数机制给出了一个质量函数 q，它对该函数对计算的输出结果进行打分，分数越高越好。对于给定的数据库和 ϵ 参数，质量函数在输出上导出一个概率分布，指数机制从这个概率分布中抽取结果样本。这种概率分布有利于高得分的输出结果，同时确保了 ϵ-差分隐私。

定义 2-4 设 $q : (\mathcal{D}^n \times \mathcal{R}) \to \mathbb{R}$ 是一个质量函数，即给定一个数据集 $d \in \mathcal{D}^n$，对每一个输出 $r \in \mathcal{R}$ 进行评分。对于只有一个记录不同的两个数据集 D 和 D'，设 $S(q) = \max_{r,D,D'} \|q(D,r) - q(D',r)\|_1$。设 $\mathcal{M}$ 为给定数据集 $d \in D^n$ 对每一个输出 $r \in \mathcal{R}r$ 给出一个分数的机制，则该机制 $\mathcal{M}$ 可以定义为：

$$\mathcal{M}(d,q) = \left\{ \text{return } r \text{ with probability} \propto \exp\left(\frac{\epsilon q(d,r)}{2S(q)}\right) \right\}, \tag{2-6}$$

提供 ϵ-差分隐私。

差分隐私算法可根据噪声扰动使用的方式和位置来进行分类：

- **输入扰动**：噪声被加入训练数据。
- **目标扰动**：噪声被加入学习算法的目标函数。
- **算法扰动**：噪声被加入中间值，例如迭代算法中的梯度。
- **输出扰动**：噪声被加入训练后的输出参数。

差分隐私仍会暴露一方的统计数据，这些数据在某些情况下是敏感的，例如商业数据、医疗数据，以及其他商业和健康应用数据。对于差分隐私感兴趣的读者可以查阅文献[145]给出的教程以学习更多内容。

3. 差分隐私在 PPML 中的应用

在联邦学习中，为了使各方能在各自的分散数据集上进行模型训练，可以使用**本地差分隐私**（Local Differential Privacy，LDP）。通过使用本地差分隐私，每一个输入方将会扰乱自己的数据，然后将已混淆的数据发布至不受信任的服务器。本地差分隐私的中心思想是**随机回应**（Randomized Response，RR）。

Papernot 等人利用教师集合框架[146]，首先从各方的分布式数据集学习出一个教师模型集合。之后，使用得到的教师模型在一个公共数据集上进行噪声预测。最后，使用标记过的公共数据集训练一个学生模型。隐私损失由教师集合推理得到的公共数据样本数量精确控制。生成对抗网络（Generative Adversarial Network，GAN）被用于文献[147]以生成用于学生模型训练的综合训练数据。虽然这种方法并不限于单一的机器学习算法，但它需要在每一个位置有适当的数据量。

Moments accountant 算法是一种差分隐私随机梯度下降方法。该方法通过考虑特定的噪声分布，计算出神经网络模型训练的总体隐私代价[148]。它证明了选择适当规模的噪声和分片阈值可以实现更小的隐私损失。

基于差分隐私和长短时记忆网络（Long Short Term Memory Network，LSTM）的语言模型以用户级差分隐私保护为基础，在预测精度上仅需花费很小的代价[149]。文献[150]的作者提出了一种利用功能机制实现的隐私卷积深度信念网络（pCDBN），可以扰乱传统卷积深度信念网络的目标函数。使用 GAN 生成差分隐私数据集的方法在文献[151]中进行了研究，其中一个高斯噪声层被加入 GAN 网络的识别器中，使得输出和梯度相对于训练数据来说具有了差分隐私。最后，利用 GAN 的生成器合成具有隐私保护的人工数据集。除了差分隐私数据集发布，用于深度学习的差分隐私模型也被文献[152]进行了探讨，其采用了集中式的差分隐私和动态隐私预算分配器来提高模型的精度。

CHAPTER 3

分布式机器学习

　　我们从第 1 章了解到，联邦学习和分布式机器学习（Distributed Machine Learning，DML）有许多共同之处，例如，二者都使用分散化的数据集和分布式的模型训练。很多研究者也把联邦学习看作分布式机器学习的一种特殊形式，例如文献[15, 46, 73, 153]，或者把联邦学习看成是分布式机器学习的下一步发展。为了让读者更深入地了解联邦学习，我们将在本章介绍 DML 的概况，包括面向扩展性的 DML 和面向隐私保护的 DML。

　　DML 包括许多方面，例如，训练数据的分布式存储、计算任务的分布式操作和模型服务的分布式部署等。关于 DML，有大量的研究论文、著作以及章节内容，例如文献[43, 44, 154–157]。因此，我们不打算再次就这一问题提供一个全面的介绍或综述，这里将重点放在 DML 中与联邦学习关系紧密的方面。我们会为对 DML 技术感兴趣的读者指出一些参考资料。

3.1　分布式机器学习介绍

3.1.1　分布式机器学习的定义

分布式机器学习也称为分布式学习，是指利用多个计算节点（也称为工作者，Worker）进行机器学习或者深度学习的算法和系统，旨在提高性能、保护隐私，并可扩展至更大规模的训练数据和更大的模型[7, 155]。如图 3-1 所示，一个由三个工作者（即计算节点）和一个参数服务器组成的分布式机器学习系统[41]，训练数据被分为不相交的数据分片（Shard）并被发送给各个工作者，工作者将在本地执行随机梯度下降（Stochastic Gradient Descent，SGD）。工作者将梯度 ∇W^i 或者模型参数 W^i 发送至参数服务器。参数服务器对收到的梯度或者模型参数进行聚合（例如，计算加权平均），从而得到全局梯度 ∇W 或全局模型参数 W。同步或者异步的分布式

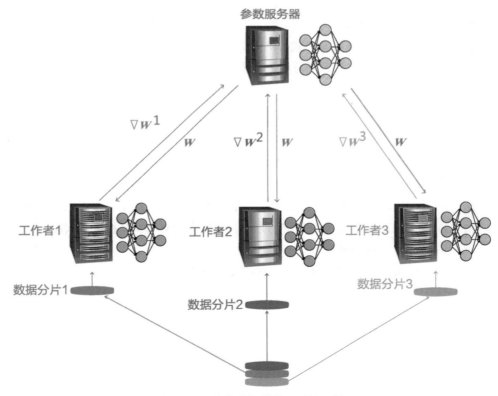

图 3-1　分布式机器学习系统示例

SGD 算法都适用于分布式机器学习[44, 157]。

通常来说，DML 可以分为两类：面向扩展性的 DML（Scalability-Motivated DML）和面向隐私保护的 DML（Privacy-Motivated DML）。面向扩展性的 DML 是指用来解决不断增长的扩展性和计算需求问题的机器学习（Machine Learning，ML）系统。例如，在过去的数十年中，人们需要处理的 ML 和深度学习（Deep Learning，DL）的规模以指数级增长。使用大量训练数据训练一个复杂 DL 模型的需求，将轻易超过使用单一计算单元的传统 ML 范式的能力范围。一个很好的例子是著名的 BERT 模型[158]，它的预训练需要使用多个张量处理单元（Tensor Processing Unit，TPU）且耗时数天。为了应对这种现状，快速发展的 DML 被认为是解决 ML 模型不断增长的规模和计算复杂度问题的一种可行解决方法。

当内存限制和算法复杂度是主要障碍时，面向扩展性的 DML 方法便为大规模 ML 提供了可行的解决方案。除了克服训练数据的集中存储需求，DML 系统还能够使用更弹性化和更廉价的计算资源，例如增加计算单元的数量。云计算在这方面提供了很大帮助。在云计算平台上，能够根据需求随时获取更多的计算资源，如 CPU 和图形处理器（Graphics Processing Unit，GPU），甚至 TPU 和内存资源。鉴于这种特性，面向扩展性的 DML 被广泛应用于具有横向划分数据集的场景中。其中，训练数据的子集存储在不同的计算单元实体中。

与面向扩展性的 DML 不同，面向隐私保护的 DML 的主要目的是保护用户隐私和数据安全。随着用户隐私和数据安全逐渐成为人工智能领域中的主要关注点（见第 1 章和附录 A）[54]，面向隐私保护的 DML 逐渐成了机器学习社区中的新趋势[1]（亦可参见第 2 章关于面向隐私保护的机器学习的介绍）。在面向隐私保护的 DML 系统中，有多个参与方且每一方都拥有一些训练数据。因此，需要使用 DML 技术来利用每个参与方的训练数据，从而协同地训练机器学习模型。由不同参与方拥有的数据集可能具有不同的数据特征，所以实际中经常遇到的是训练数据的纵向划分。也就是说，面向隐私保护的 DML 适用于具有纵向划分数据集的场景，不同参与方各自持有的训练数据具有相同的训练样本 ID 和不同的数据特征。

3.1.2　分布式机器学习平台

由于 DML 具有分布式与并行计算架构，我们需要专门的 ML 平台才能充分发挥

DML的优势。现在有许多的商业和开源DML平台，下面介绍一些有代表性的框架。

使用最广的 DML 数据处理系统之一便是 Apache Spark MLlib[159]。MLlib 是 Apache Spark 的扩展 ML 库，是一个基于内存的 DML 框架，并且使得 ML 系统易于扩展和部署。MLlib 提供了传统 ML（相对于 DL 而言）算法的分布式实现，例如分类、回归和聚类等。Apache DeepSpark 提供了 DL 的分布式训练框架的实现[160]。

基于图的并行处理算法是 DML 最近一个比较新的方法，也称为 DML 环境下的图并行方法（见3.2.2节）。GraphLab 平台[161, 162] 提供了可扩展的 ML 工具包，并实现了一些基础算法如随机梯度下降和高性能梯度下降。另一个图并行计算平台是 Apache Spark GraphX，是 Spark 中的一个新组件，实现了 Pregel-like 的块同步消息传递[163]，其中 Pregel 是来自谷歌的基于块同步处理模型的并行图计算库[164]。

由微软发布的 DML 工具包（Distributed ML Toolkit，DMTK）具有算法上和系统上的创新[165]。DMTK 支持数据并行化的统一接口、大型模型存储的混合数据结构、大型模型训练的模型调度，以及实现高训练效率的自动化流水线。

DL 需要在大量数据上训练具有众多参数的深度神经网络（DNN）。分布式计算和并行计算是一个能将现代硬件利用到极致的完美工具。对于分布式深度学习（Distributed Deep Learning, DDL），除了 Apache DeepSpark，其他著名的 DL 框架，例如 TensorFlow 和 PyTorch，也都支持 DNN 的分布式训练和部署。

TensorFlow 通过 tf.distribute 支持 DNN 的分布式训练，允许数据在不同进程上甚至不同服务器上进行计算，并且可以使用多处理器或者服务器，在数据集的不同分片上训练相同的模型[166]。TensorFlow 使大型模型分割到许多设备上成为可能，即如果模型过大，单一设备的内存容量已不足容纳，则可以将模型分割到多台设备上进行并行训练。此外，这也可以将计算分配给具有强大性能的 GPU 集群的服务器，并在拥有更多内存的服务器上进行其他计算。使用分布式 TensorFlow，我们能够将分布式模型的训练规模扩展至数以百计的 GPU 中。通过并行地在许多 GPU 和服务器上进行模型训练，我们还能够将模型调试耗时（如超参数调整）大幅降低。

PyTorch 中的分布式包（即 torch.distributed）让研究人员和使用者能够轻松地将他们的 DNN 训练分布部署到集群上[167]。与 TensorFlow 类似，分布式 PyTorch 允许一个模型依逻辑分割为若干部分（即一些层在一个部分，另一些层在另一部分），然后置于不同的计算设备中。PyTorch 利用消息传递技术，允许每个进程和其他进程进行通信，与多进程包（如 torch.multiprocessing）相反，进程能够使用不同的通信后端，且不必在同一台机器上执行。

3.2 面向扩展性的 DML

本节将对现有的面向扩展性的 DML 研究成果进行回顾。读者可以参考文献[44, 154–156] 获知更多关于 DML 系统的详细内容以及其中的技术细节。

3.2.1 大规模机器学习

随着通信设备和传感设备的广泛出现，例如智能手机、掌上电脑、物联网传感器和无线相机，数据以各种各样的形式存在。在大数据时代，ML 方法面临的主要问题已经从训练样本过小转移到了如何处理大规模的高维度数据集上。随着大趋势的变化，ML 社区正面临着计算性能和耗时与数据规模不匹配的挑战，这使得从大规模的训练样本中耗费合理的计算代价和时间进行学习变得愈加不可能。在这里，我们总结了传统 ML 方法在处理大规模数据集和 ML 模型时所面临的主要挑战。

1. 内存短缺

传统 ML 方法只在一块独立内存中对训练样本进行所有的操作。因此，如果训练样本的规模超过了单块内存的容量，将可能出现以下问题：训练模型可能不能收敛或者性能低下（例如，低准确率和召回率）；在最糟糕的情况下，ML 模型将因为内存短缺而不能被成功训练。

2. 不合理的训练时间

ML 算法中的一些优化过程可能不能匹配训练样本的规模，例如高斯混合模型（Gaussian Mixture Model，GMM）和多项式回归。因此，当处理大规模训练样本时，在训练处理中耗费的时间可能过长。在模型训练过程中，如果需要尝试多种不同的参数设置，ML 模型的超参调校也将耗费大量时间。因此，如果训练过程耗时过长，就会导致没有充足的时间试验较多的超参数，最终很难获得性能优越的模型。

DML 算法是大规模 ML 的一部分，由于其具有将训练过程分配到若干计算节点和分布式计算的能力，近年来受到了广泛关注。最近在 DML 的研究成果使得在大数据上的 ML 任务变得更加可行、可扩展、更灵活和更有效。

3.2.2　面向扩展性的 DML 方法

大量的研究工作着眼于提出有效的 DML 框架和算法，以处理大规模的数据集和 DL 模型。训练大规模的 ML 和 DL 模型是非常耗时的，训练周期从数小时甚至到数周不等。最近，很多研究工作正在致力于提升 DML 的能力上限，以减少处理大规模的 ML 和 DL 模型所需的训练时间。我们在这里回顾了一些著名的面向扩展性的 DML 方案，包括数据并行、模型并行、图并行、任务并行、混合并行和交叉并行。

1. 数据并行

DML 的第一种方法便是先将训练数据划分为多个子集（也称为分片或者切片），然后将各子集置于多个计算实体中，之后并行地训练同一个模型。这种方法被称为数据并行（Data Parallelism）方法，也被称为以数据为中心的方法（Data-Centric Approach）[42, 168, 169]。换言之，数据并行是指利用不同的计算设备，通过使用同一个模型的多个副本，对多个训练数据分块（也称为分片或者切片）进行处理，并定期通信交换最新的模型训练结果。这种方法能够很好地适配快速增长的训练数据规模。然而，由于模型的一个副本（例如，一个完整的 DNN）必须位于单一设备上，因此这种方法不能用来处理具有高内存占用特性的 DNN 模型。

目前，主要有两种基于数据并行的分布式训练方法，即同步训练和异步训练。在同步训练中，所有的计算节点在训练数据的不同分片上同步地训练同一个模型的副本，在各计算节点每执行完一个模型更新步骤后，每个计算节点产生的梯度（或者模型参数）就会被发送给服务器，服务器在收到所有计算节点的结果后再进行聚合操作。而在异步训练中，所有计算节点独立地使用其本地的训练数据集来训练同一个模型的副本，并将本地获得的模型梯度及时地推送给服务器，以便服务器更新全局模型。同步训练一般由 AllReduce 架构支持[170, 171]，异步训练则通常由参数服务器架构实现[41]。

数据并行能用于解决训练数据过大以至于不能存于单一计算节点中的问题，或者用于满足使用并行计算节点实现更快速的计算的要求。关于在分布式数据上训练 DL 模型，目前已有非常多的研究成果。例如分布式框架，包括谷歌的 DistBelief（DistBelief 已经被合入 TensorFlow）[45] 和 Microsoft Project Adams[172]，能够利用数据和模型并行，在数以千计的处理器上训练大规模模型。

2. 模型并行

随着 DNN 模型变得越来越大，如 BERT 模型[158]，我们可能会面临一个 DNN 模型不能加载到单一计算节点内存中的问题。对于这种情况，我们需要分割模型，并将各部分置于不同的计算节点中。这种方法被称为模型并行（Model Parallelism）方法，也叫作以模型为中心的方法（Model-Centric Approach）[42, 168, 169]。模型并行指的是一个模型（如 DNN 模型）被分割为若干部分（如 DNN 中的一些层在一个部分，另一些层在其他部分），然后将它们置于不同的计算节点中。尽管将各个部分置于不同计算设备中确实能够改善执行时间（例如，使用数据的异步处理），但模型并行的主要目的是避免内存容量限制。拥有大量参数的模型由于对内存有很高的要求，所以不能放于单一计算设备中，但通过使用这种模型并行策略，内存容量限制也就不复存在了。例如，DNN 模型的一个层可以被放入单一设备的内存中，且前向和后向传播意味着一台计算设备的输出以串行方式传输至另一台计算设备。只有当模型不能放入单一设备中，且不需要将训练过程加速很多时，才会采用模型并行方法。

在科研领域中，有许多种基于分布式训练的模型并行方法。一个有代表性的例子是在文献[173]中提出的 AMPNet。AMPNet 由多核 CPU 集群实现，具有与传统同部训练算法一样的准确度和迭代次数，但其所需的全局训练时间大大缩短。另一个例子是 OptCNN[174]，在卷积神经网络上使用了分层（Layer-Wise）并行技术。OptCNN 允许 CNN 中的每一层使用各不相同的并行策略。在文献[174] 中，分层并行（Layer-Wise Parallelism）通过提高训练吞吐量、降低通信成本和使用更大规模的 GPU 集群，在保持原始模型精度水平的前提下，达到了领先的性能水平。

科研人员在模型并行领域的研究成果已有很多，包括文献[45]、文献[175] 和文献[168]等。特别地，谷歌在文献[45]中发布了 Downpour SGD 框架，提供了 SGD 的异步和分布式实现方法。Downpour SGD 结合了数据并行和模型并行，将训练样本置于不同的机器中，且每台机器都有整个或者部分 DNN 模型的单一副本。DeepSpark 第一次发表于文献[175]中，它允许 Caffe 和 TensorFlow 的深度学习任务在 Apache Spark 机器集群上进行分布式深度学习训练[160]。DeepSpark 使得部署大规模并行分布式深度学习对用户来说变得简单和直观。

3. 图并行

随着基于图的 ML 方法的迅速发展[176]，基于图的 DML 方法也在逐渐受到更多关注。图并行（Graph Parallelism）方法，也称为以图为中心的方法（Graph-Centric Approach），是一种用于划分和分配训练数据和执行 ML 算法的新技术，其执行速度比基于数据并行的方法要快几个数量级[42, 161, 177]。

GraphLab 在文献[161]中首先作为类似于 MapReduce 的一种抽象化优化方法发表。GraphLab 在保证数据一致性的前提下，实现了稀疏计算依赖的异步迭代算法，拥有高度的并行性能。GraphLab 能够在真实世界的大规模 ML 任务上达到优良的并行性能。

文献[178]提出了一种叫作 TUX^2 的新型分布式图机器学习引擎。TUX^2 特别为 DML 进行了优化，以支持其异构性，包含一个传统的同步并行模型和一个新型 MEGA（Mini-batch、Exchange、GlobalSync 和 Apply）模型。TUX^2 提出了图计算和 DML 算法的收敛性，给出了一种有效地表达 ML 算法的图模型。随着图计算和 DML 技术的进一步发展，更多的 ML 和 DL 算法和优化能够在规模上更容易、更专业地表达和实现。

4. 任务并行

任务并行（Task Parallelism）也叫作以任务为中心的方法（Task-Centric Approach），指的是计算机程序在同一台或多台机器上的多个处理器上执行。它着力并行执行不同的操作以最大化利用处理器或内存等计算资源。任务并行的一个例子是一个应用程序创建多个线程进行并行处理，每个线程负责不同的操作。使用了任务并行的大数据计算框架有 Apache Storm[179] 和 Apache YARN[180]。

将 DML 的任务并行和数据并行结合起来是很常见的。一个代表性例子是文献[181]，其中提出了一种在 MapReduce 的顶层为大规模 ML 结合任务并行和数据并行的系统化方法[171]。该框架支持通过高层原语，以简单可行的方式说明任务并行和数据并行 ML 算法。由于 MapReduce 调度程序提供了全局调度，因此在 MapReduce 的顶层结合任务并行和数据并行方式，为其他基于 MapReduce 的系统共享集群资源开辟了道路。

5. 混合并行和交叉并行

在 DML 系统的实践中，我们经常需要结合不同类型的并行方法，从而形成混合并行（Hybrid Parallelism）的方案，例如使用了数据并行和任务并行的 Apache YARN[180] 和 SystemML[181, 182]。事实上，在实践中，将数据并行和模型并行结合起

来使用也是很常见的，例如谷歌的 Downpour SGD[45, 183] 中提出的分布式深度学习
（DDL）框架。文献[184] 通过张量覆盖方法，将数据并行、模型并行和混合并行结
合起来，提出了混合数据并行和模型并行的 SOYBEAN 系统，并能够实现自动并行。

　　混合并行的覆盖范围可以进一步扩展，形成更加灵活的交叉并行（Mixed
Parallelism），例如按层选择并行方式[185, 186]。这种交叉并行方法有时适用于训练大
规模 DNN 模型，例如对一些层使用数据并行，对另外一些层使用模型并行方法。读
者可以阅读文献[184, 186]以获取更多关于混合并行和交叉并行的信息。

3.3　面向隐私保护的 DML

　　DML 不仅能加速在大规模数据上的模型训练和使能大规模模型的训练，也能从
不同位置获取并使用训练的数据。在许多实践领域，数据分散于不同的客户、组织和
机构中，从另一方面，为了收集更多的数据以改善性能，公司也会从个人群体收集并
分析数据，这就导致了数据隐私和安全的问题。例如，在医疗应用中，一些法规（如
HIPAA）禁止医院或医疗机构分享医疗数据。另一个例子是，智能穿戴设备经常会
从公众群体收集敏感信息，这对穿戴应用很重要，但为了训练模型而共享这些数据的
行为也会引起隐私泄露。

　　简而言之，数据共享和分布式计算是当今大数据时代的趋势，因为它既能提升计
算效率又能改善模型性能。同时，随着公众对于隐私和数据安全越来越关注，也要求
DML 需要考虑隐私保护问题。因此，基于隐私目的 DML 逐渐成了一个重要的研究
方向。本节从隐私保护决策树开始，将会进一步介绍一些 DML 上的隐私保护技术及
其应用。

　　对于隐私保护的 ML 系统，它通常能保护下列的信息[29]：训练数据输入、预测
标签输出、模型信息（包括模型参数、结构和损失函数）和身份识别信息（如记录的
数据来源站点、出处或拥有者）。

3.3.1　隐私保护决策树

　　决策树（Decision Tree）是一种重要的监督 ML 算法，被广泛使用于分类和回归
任务中。决策树的学习模型是可解释和可理解的，其推理过程是找到满足一个样本的
属性的叶节点。决策树算法有许多种，著名的 ID3[187] 也属于其中之一。在分布式决

策树算法中，根据数据的分布类型，可以被正式分为两类：

（1）横向划分数据集。 可以描述为：

$$\mathcal{X}_i = \mathcal{X}_j, \ \mathcal{I}_i \neq \mathcal{I}_j, \ \forall \mathcal{D}_i \neq \mathcal{D}_j,$$

式中，$\mathcal{X}$ 表示训练数据的特征空间；$\mathcal{I}$ 表示训练数据的样本空间，如每一个样本的身份标识。

（2）纵向划分数据集。 可以表示为：

$$\mathcal{X}_i \neq \mathcal{X}_j, \ \mathcal{I}_i = \mathcal{I}_j, \ \forall \mathcal{D}_i \neq \mathcal{D}_j.$$

我们在下面给出了此定义的一个例子。

在横向划分数据集的场景中，DML 系统中的每个参与方（称为实体或计算节点）拥有不同的样本。所有实体中的样本都具有相同的特征属性类别。例如，由于不同可穿戴设备的传感器是相同的，所以这些设备采集的数据具有相同的属性类别。然而，由于设备工作的环境不同，由不同实体收集的数据样本通常都是不同的。

在纵向划分数据集中，不同实体拥有的数据集的特征集是不同的，但这些样本可能来自同一个实体。例如，同一位患者在不同医疗机构的记录可以有不同的生理指标或疾病检测结果。

对于横向划分的 DML，样本的聚集等价于数据集的扩大；而在纵向划分的场景下，类似于增加样本的特征类别数量。显然，分布式训练提供了一种从训练样本量或数据特征维度上扩展数据集的方法。

不同于其他 ML 算法，数据的划分对于决策树来说是至关重要的，因为决策树的学习需要决定特征集合的划分，这取决于特征属性的类别以及在某一特定属性下的具有类标签的样本数量。

文献[114]第一次提出了基于横向划分数据集的隐私保护分布式决策树算法。文献作者提出了一种不经意安全协议，以不需要展示每个值给其他参与方的方式，计算 $(v_1 + v_2) \log(v_1 + v_2)$ 的结果。这种安全计算使得分布式决策树能够不泄密隐私的前提下计算样本集在不同参与方上的节点切分。文献[188]和[189]首先提出了基于纵向划分数据的隐私保护分布式决策树，然而他们的解决方案是假设所有的参与方都拥有类属性。

文献[31]的研究条件仅允许在基于纵向划分数据的 DML 系统中存在一个拥有类属性的实体。文献作者的研究基于 ID3 决策树，其中树的构建过程被分解为若干不同的组件，包括属性检查（attribute checking）、分布计数（distribution counts）、类检查（class checking）、属性信息增益检查（attribute information gain checking）和信息增益计算（information gain computation）。分布式计算中的每一部分都由安全协议保护。进一步的，他们的研究还提出了低安全（loosely secure）版本和完全安全（completely secure）版本，使得人们可以在效率和安全之间权衡。

文献[55]提出了一种基于安全集合交叉协议和部分同态加密的纵向分布式提升树方法。文献作者证明了其方法不仅是安全的和无隐私泄露的，而且是无损的。也有使用差分隐私方法，在统计学意义上加入噪声内容，以此来实现能够保护个人隐私的分布式决策树[190]。

随着基于隐私的决策树方法的发展，人们开始考虑数据划分和利用隐私保护工具。作为面向隐私保护的 DML 系统的先驱，我们将在下一节简要地介绍用于隐私和安全保护的常用方法。

3.3.2 隐私保护方法

在面向隐私的 DML 中，常用的用于保护数据隐私的方法大概分为以下两个类别：

（1）模糊处理（Obfuscation）。 随机化、添加噪声或修改数据使其拥有某一级别的隐私，如差分隐私方法。

（2）密码学方法。 通过不将输入值传给其他参与方的方式或者不以明文方式传输，使分布式计算过程安全化，如安全多方计算（MPC），包括不经意传输、秘密共享、混淆电路和同态加密。

读者可以通过阅读 2.4 节的内容，以快速回顾常用的隐私保护相关技术。

3.3.3 面向隐私保护的 DML 方案

本节将简要回顾目前在面向隐私保护的 DML 上已取得的研究成果，并强调人们是如何利用提及的隐私保护方法在分布式环境下保护数据和模型安全的。根据前面描述的分类，我们首先总结了使用模糊处理的 DML 算法，之后介绍了其他使用密码学方法的算法。

文献[191]提出了一种基于差分隐私的隐私保护逻辑回归（Logistic Regression）算法。他们在随机数据上进行优化，使得在模型性能和隐私保护之间取得平衡成为可能，并使得隐私的界限更为严格。他们根据文献[192]给出的定义，证明了他们的成果满足 ε-差分隐私，并且提出了一种具有更好性能的新型算法。在该文献中，一个随机向量由 Gamma 函数生成，作用于参数 θ 的逻辑回归优化过程。此外，他们认为此成果揭示了基于扰动的隐私保护和正则化之间的关系。

文献[51]和文献[50]分别研究了面向隐私保护的支持向量机（Privacy-Preserving Support Vector Machine，PPSVM）模型在横向和纵向划分数据集上的实验。他们使用随机生成的核函数（randomly generated kernel）来隐藏原始的学习核函数，达到了与不具有隐私保护的 SVM 模型相近的性能。该隐私证明基于一个事实，即从扰动后的核函数中恢复输入数据是非常有可能的。因此，共享随机生成核函数并不会导致隐私泄露。然而，这些方法都需要在参与方之间分享随机生成核函数，这便限制了他们的应用。

除了逻辑回归、支持向量机和决策树，基于扰动的隐私保护方法也在深度学习算法中被广泛使用。对于文献[39]中的内容，我们将有选择地介绍其中的研究成果。文献[193]提出了一种差分隐私的随机梯度下降方法（Differentially Private Stochastic Gradient Descent algorithm，DP-SGD），将梯度分片并在训练过程中向梯度加入噪声，使得已学习的深度模型能够具有 (ε, δ)-差分隐私。不同于之前的方法[193, 194]，它使用了另一种模糊处理方法，即选择式的分布式随机梯度下降算法，允许本地模型选择式地分享部分参数，以避免信息泄露并且保证了协作学习模型的性能。文献[195]还提出了一种差分隐私的自编码器来学习本地数据的表征（representation）。

差分隐私也被用于无监督学习。文献[196]提出了一种基于瞬时扰动（Moment Perturbation）的差分隐私 EM（Expectation Maximization）算法（DP-EM）。在维持和原始分析方法相同等级的隐私保护的前提下，他们使用了瞬时计量（Moment Accountants[148] 和 zCDP），以减小加入 EM 过程中噪声的量级。他们比较了不同的随机化机制和他们的成分组成设置，发现对于 DP-EM，在 EM 过程的每一环节中，使用高斯原理能够达到最强的隐私保护级别。

总之，由于计算效率和实现的便捷性，基于模糊的隐私保护方法在基于隐私的

DML 系统中被普遍使用。但是，随机扰动影响了数据精度和模型性能。在实践中，研究者们不得不在隐私保护和性能之间取舍。与基于扰动的方法相比，密码学方法并不需要牺牲数据精度和模型性能，但是需要更多的额外计算。

文献[197]利用了同态加密方法以在逻辑回归的训练过程中保护数据。他们在对数线性目标函数中使用二阶近似，使得训练过程能够与加法同态加密方法相适配，并在维持相近性能的情况下改善了计算效率。此外，文献显示实验结果与差分隐私的隐私程度是相匹配的。文献作者还分析了该系统的存储和计算复杂度，指出该系统支持大规模的分布式计算。文献[198]在水平划分数据集上考虑了逻辑回归，使用了 MPC 方法以进行集中计算。然而，在他们的实验中，特征是无条件的，这意味着该方法的计算空间较小。文献[199]在隐私保护方面取得了更大的进展，其使用了安全求和协议（Secure Summation Protocol）和安全矩阵乘法（Secure Matrix Multiplication）集中逻辑回归的分布式学习，并且支持纵向数据划分和横向数据划分。

文献[34]设计了一种安全参数共享机制，以实现在纵向划分数据上的隐私保护朴素贝叶斯分类器，即每一个参与方对一个有条件独立的概率做出贡献。每一个参数都不能和随机噪声区分开来，且只有聚集起来后才有意义。然而，为了实现安全计算，额外产生的计算复杂度也是不可忽视的。文献[200]和文献[201]分别介绍了安全点积（secure dot product）和安全求和协议在 SVM 核运算的数据保护中的应用。文献[33]将安全求和协议嵌入 Hadoop 系统的 Reducer 中，实现了支持大规模数据的有效分布式 SVM 系统。相似地，文献[202]使用安全求和协议将分布式 EM 算法的本地计算结果集中起来，防止泄露计算结果的数据。

在 DL 领域里，最有代表性的工作是由文献[203]提出的安全聚合（Secure Aggregation）方法。该研究基于由谷歌发布的联邦平均算法 FedAvg[13]（Federated Averaging），使用了 FedAvg 中的秘密共享、不经意传输，并考虑了在一个沟通成本高昂、客户加入退出频繁的复杂移动环境下的使用。为了确保数据安全性，每一次离开本地的数据都被随机化处理，只有这些共享信息的聚集结果才是有意义的。他们只使用安全密钥交换协议（Secure Key-Exchange Protocol）交换随机种子，而不是随机噪声。为了处理客户意外退出的情况，他们使用了秘密共享，所以即便某一些用户在工作流程中发生丢失，整个系统仍然能够使用剩余的共享信息来恢复数据。除了安全集中方法，也有很多其他使用 MPC 方法的 DL 算法，如文献[37, 194]。

此外，文献[32]提出了一系列基于 MPC 方法的面向隐私保护的机器学习算法，支持线性回归、逻辑回归和随机梯度下降，并提供了 C++ 实现。与基于模糊的面向隐私保护的 DML 算法不同，基于密码学的方法强调在计算和沟通复杂度和安全性之间取得平衡。

在本节中，我们简要地介绍了一些有代表性的基于隐私的 DML 算法和一些广泛使用的隐私保护工具。为获取更多细节信息，推读者荐阅读文献[29, 39, 48]。

3.4　面向隐私保护的梯度下降方法

梯度下降方法是机器学习中的核心算法之一，越来越多的面向隐私保护的梯度下降方法正在被广泛研究。本节将回顾不同的关于梯度下降的隐私保护技术。研究表明，通常来说，为了发展更好的面向隐私保护的梯度下降方法，需要在效率、精度和隐私之间做出权衡。

拥有更高效率、更低隐私保护级别的方法通常需要牺牲数据隐私以换取更好的计算效率。例如，梯度值以明文形式被发送给协调方，并以梯度平均方法[13] 更新模型，从而在不降低全局学习精度的情况下用隐私换取效率。旨在得到最高的数据精度和安全性的方法逐渐开始选用同态加密和安全多方计算，但这将会导致更高的计算复杂度和开销。

除了第 2 章讨论过的方法，还有其他保证差分隐私的隐私保护方法。在某些场合下，隐私模型只能保证每一方数据的原始版本不会被敌对方获取。通过如此低的隐私保护等级，研究者们可以用隐私来换取效率，并提出了许多种不同的方法。

典型的面向隐私保护的梯度下降方法包括朴素联邦学习（Naive Federated Learning 或者 Vanilla Federated Learning）、代数方法、稀疏梯度更新方法、模糊处理方法和密码学方法（如同态加密和安全多方计算）。模糊处理方法基于随机化、泛化或抑制机制（如梯度分层化、差分隐私、k-匿名方法）。在朴素联邦学习、代数方法和稀疏梯度更新方法中，每一方发送给协调方明文形式的梯度信息以更新模型，而这只能保护数据的原始形式，即低隐私保护等级和非常高的效率。稀疏梯度更新方法还能通过更新梯度中的一个实体子集，用精度来换取效率和隐私。基于随机化机制的方法，如差分隐私和高斯随机映射（Gaussian Random Projection，GRP），通过给数据或梯度加入噪声的方式，用精度换取隐私。基于泛化和一致性的方法也通过特征归纳或删除某些实例的方式，用精度换取隐私。我们在这里回顾一些方法，并说明面向隐私保护的梯度下降大致能够提升隐私保护的强度。

3.4.1　朴素联邦学习

联邦平均方法是为了使朴素联邦学习能在水平划分数据集上使用而提出的一种方法。在联邦平均方法中，每一方给一个协调方（或是受信任的处理方，或是一个参数服务器）独立地上传明文形式的梯度或模型参数。最后，协调方将明文形式的更新模型发送给每一方[13]。

当数据集是纵向划分的时，模型在各方间分配。在梯度下降方法里，目标函数能被分解为一个可微函数和一个线性可分函数[204]。为了进行梯度下降，每一方将自己的数据用于各自的局部模型，从而获得中间结果，并将其正常发送给协调方。协调方将所有中间结果积累起来，并评估可微函数以计算损失和梯度。最后，协调方更新整个模型，并将更新后的局部模型发送给每个相关方。

这里的假设是上述协调方是诚实的和无好奇心的，且不与任何方有所勾结。假如协调方不满足前述条件，则每一方的梯度信息都有可能被泄露。虽然训练数据的原始形式不一定能够从每一方的梯度信息中推测出来，但研究人员们已经证明，可能只根据每一方的梯度更新信息来推测出大量信息[82]。

3.4.2　隐私保护方法

1. 代数方法

代数方法旨在利用传输数据的代数特性保护原始训练数据。它通过保证每个诚实方对敌对方的输入和输出存在内部有效的输入-输出对，即受保护的原始输入数据形式，提供了对隐私的保护。文献[204]通过将目标函数分解为一个可微函数和一个线性可分函数的方式，为两方纵向联邦学习提出了一种安全梯度下降方法。在该方法中，两方间的模型参数是相互隐藏的，只有明文梯度可被用于模型更新。这类方法隐式地假设每一方都没有关于其他方的记录信息。如果记录的一个子集被泄露给其他方（如数据投毒），则整个模型将会被方程解攻击，导致轻易地破坏并发生信息泄露。

为了抵御方程解攻击，一种为纵向联邦线性回归和分类设计的安全两方计算方法由 k-安全（k-secure）的概念提出[205]。在此方法中，训练样本都被对齐，且依赖特征是公开的，使用的是算术秘密共享。由于算术秘密共享是在本地进行的，因此信息在理论上是安全的。两方乘法通过以下方式进行。首先，两方协作地生成一个随机可逆矩阵 M。之后，一方 A 使用它的矩阵输入 A 依次对 M 的左右子矩阵进行矩阵乘法，并将第一个结果 A_1 发送给 B。另一方 B 使用它的输入矩阵 B 以此对 M 的上下子矩阵进行矩阵乘法，并将第二个结果 B_2 发送给 A。最终，每一方计算 $V_a = A_1 \cdot B_1$ 和 $V_b = A_2 \cdot B_2$，且 $V_a + V_b = A \cdot B$。

上述协议的安全性是基于以下代数性质：当 $N \gg n$ 时，$2n^2$ 个等式不能确定 $n \times N$ 的值。虽然该研究中并未讨论梯度下降方法，但通过第 2 章讨论的内容，我们可以简单地实现它。

2. 稀疏梯度更新方法

稀疏梯度更新方法通过只更新梯度的子集的方式来保护隐私。这类方法用精度来换取效率，并且保护隐私程度较低。梯度是以明文方式传输的，所以这类方法是用隐私换取效率。例如，文献[194]发现协调方只使用明文梯度参数的一个子集来更新模型。改善交流效率的方法包括结构更新（structured update）和概要更新（sketched update）[14]。结构更新方法只会更新一个稀疏梯度矩阵或一个低级梯度矩阵，而概要更新利用分段抽样和分层方法以消去梯度的值。

多目标演进也是一种在联邦学习中学习稀疏矩阵的神经网络方法[206]。虽然稀疏矩阵更新和梯度压缩方法已被人们广泛研究学习，但关于梯度压缩在隐私保护上的正式分析和研究工作仍旧很少。

3. 模糊处理方法

模糊处理方法通过随机化、泛化和压缩来使得数据模糊，虽然可以改善隐私性，但会降低准确度。在联邦学习中，本地差分隐私（Local Differential Privacy，LDP）也可以用于给每一方的梯度加上噪声。文献[207]提出了一种使用独立高斯随机映射来保护原始训练数据的方法。每一方首先生成一个高斯随机矩阵，并将原始训练数据映射以实现模糊处理。之后，模糊化的数据被发送给协调方进行模型训练。被保护的隐私只有每一方的训练数据的原始形式。此处使用的高斯随机映射也面临着在参与方数量和特征数量上的扩展性问题。梯度分层方法将每个梯度值分层转化为一个相邻的数值，使用模型的精度来换取效率和隐私保护[14]。

4. 密码学方法

上述方法将每一方的明文梯度信息都暴露给了协调方或其他方。与此相反，密码学方法利用了同态加密和安全多方计算,在梯度下降过程中,保护每一方的梯度信息隐私。安全模型有很多种类型,从针对诚实的但好奇的对抗方的模型,到针对恶意敌对方的模型,对于堕落变坏的假设也有很大不同。除了安全模型,每种方法公开的信息也是不同的。密码学方法用效率换取隐私。由于这样可能会导致在计算或交流上变得过于低效,非线性函数的近似方法逐渐被使用,即用精度换取效率。

在安全集中方法中,一个参与方只被允许学习被给予的一组明文梯度平均值。安全集中方法通过 Shamir 阈值秘密共享方法保护每一方的梯度信息,因此协调方只能公开一组梯度的平均值[203]。然而,当协调方和 $n-1$ 个其他方在一个 n 方组里相勾结时,输入的梯度就会被轻易地得知并暴露。因为上述安全集中是匿名的,所以可能会遭受到严重的投毒攻击。文献[203]中提出截尾均值(trimmed mean),即梯度被协作地修剪,从而抵御敌对方的投毒攻击。

另一种密码学方法介绍了存在一个或多个协作方,但所有协作方都不被允许学习任何关于梯度和模型信息的情况。对于基于同态加密的方法,以上约束能通过加入一个随机掩码来给数值解密[56]。对于基于 MPC 的方法,被信任的处理方能按要求生成独立材料(如 Beaver 三元组)[109]。若有多个非勾结的协调方,每一方将生成自己的隐私数据的秘密共享信息,并将其分享给每一个协调方[32, 208]。之后,梯度下降过程将会在协调方之间进行。

当不能设定任何协调方时,可以使用一些不需要协调方的密码学方法,即进行安全多方梯度下降,其中每一方都只能学习自己的输入和输出。现有的 MPC 协议,包括 SPDZ[107]、SPDZ$_{2^k}$[118]、Overdrive[112] 和 MASCOT[92],可以抵御大多数对抗方的恶意攻击。在这类方法中实现了一个离线阶段,其中在安全多方梯度下降之前,由 MPC 生成 Beaver 三元组。文献[203]提出了一种基于 SPDZ$_{2^k}$ 的用于决策树和 SVM 的活跃型 MPC 协议。梯度下降函数也能够和 SPDZ$_{2^k}$ 一样被评估。

3.5 挑战与展望

本章简要介绍了 DML,包括面向扩展性的 DML 和面向隐私保护的 DML。面向扩展性的 DML 被广泛用于解决大规模机器学习问题中的计算资源和内存空间限制。并行技术(例如数据并行、模型并行和混合并行)是实现面向扩展性的 DML 系统的主要选择。出于隐私保护考虑,面向隐私保护的 DML 主要用于保护用户隐私,并通过分散的数据存储来确保数据安全。安全多方计算、同态加密和差分隐私是面向隐私保护的 DML 系统里的常用隐私保护技术。在本章里，我们还看到面向隐私保护的梯度下降方法也已被广泛用于面向隐私保护的 DML 系统中。

虽然 DML 在过去的几年中受到了广泛的关注，并且已经快速发展为开源和商业产品，但仍然存在现有 DML 系统无法解决的实际挑战。联邦学习是 DML 的一种特殊类型，它可以进一步解决传统 DML 系统面临的问题，如数据孤岛难题，并使我们能够构建面向隐私保护的人工智能系统和产品。我们将在接下来的章节中详细介绍联邦学习技术。

CHAPTER 4

横向联邦学习

本章将介绍横向联邦学习（Horizontal Federated Learning，H-FL），包括横向联邦学习的定义、架构、相关研究工作和应用案例，以及面临的挑战。

4.1 横向联邦学习的定义

横向联邦学习也称为按样本划分的联邦学习（Sample-Partitioned Federated Learning 或 Example-Partitioned Federated Learning）[27]，可以应用于联邦学习的各个参与方的数据集有相同的特征空间和不同的样本空间的场景，类似于在表格视图中对数据进行水平划分的情况，如图 1–3 所示。事实上，"横向"一词来源于术语"横向划分（horizontal partition）"。"横向划分"广泛用于传统的以表格形式展示数据库记录内容的场景，例如表格中的记录按照行被横向划分为不同的组，且每行都包含完整的数据特征。举例来说，两个地区的城市商业银行可能在各自的地区拥有非常不同的客户群体，所以他们的客户交集非常小，他们的数据集有不同的样本 ID。然而，他们的业务模型非常相似，因此他们的数据集的特征空间是相同的。这两家银行可以联合起来进行横向联邦学习以构建更好的风控模型。确切的说，我们可以将横向联邦学习的条件总结为：

$$\mathcal{X}_i = \mathcal{X}_j, \quad \mathcal{Y}_i = \mathcal{Y}_j, \quad I_i \neq I_j, \quad \forall \mathcal{D}_i, \mathcal{D}_j, i \neq j, \tag{4-1}$$

式中，$\mathcal{D}_i$ 和 $\mathcal{D}_j$ 分别表示第 i 方和第 j 方拥有的数据集。我们假设两方的数据特征空间和标签空间对，即 $(\mathcal{X}_i, \mathcal{Y}_i)$ 和 $(\mathcal{X}_j, \mathcal{Y}_j)$ 是相同的。但是我们假设两方的客户 ID 空间，即 I_i 和 I_j 是没有交集的或交集很小。

关于横向联邦学习系统的安全性的定义，我们通常假设一个横向联邦学习系统的参与方都是诚实的，需要防范的对象是一个诚实但好奇（honest-but-curious）的聚合服务器[35, 115]。即通常假设只有服务器才能使得数据参与方的隐私安全受到威胁。

文献[194]的作者提出了一种协作式的深度学习方法，其中参与方独立地训练模型并只分享参数更新的子集，这是横向联邦学习的一种特殊形式。在 2016 年，谷歌发布了一种为安卓系统手机提供模型更新的基于横向联邦学习的解决方案[12]。在谷歌提出的框架中，一部安卓手机的用户在本地更新模型参数，并将更新的模型参数上传至安卓云（Android Cloud），因此可以和其他参与方协同地训练联邦学习模型。

文献[115]的作者提出了一种在联邦学习框架下对用户模型更新或者对梯度信息进行安全聚合（secure aggregation）的方法。文献[35] 的作者提出了一种适用于模型参数聚合的加法同态加密（Additive Homomorphic Encryption，AHE）方法，能够防御联邦学习系统里的中央服务器窃取模型信息或者数据隐私。在文献[58]中，研究人员们提出了一种多任务形式的联邦学习系统,允许多个参与方通过分享知识和保护隐私的方式完成不同的机器学习任务。多任务学习模型还可以进一步解决通信开销大、网络延迟以及系统容错等问题。

文献[12]提出了一种安全的"客户-服务器"架构。其中,联邦学习系统的训练数据存储在客户端(即参与方),每个客户端在其本地利用其拥有的数据训练机器学习模型。每个客户端将自己训练的模型参数发送给一个联邦学习服务器(即协调方),并在该服务器上通过融合的方法(例如,模型平均)构建一个全局模型。这种模型构建过程确保了数据不会暴露,很好地保护了数据安全和用户隐私。进一步的,文献[15]提出了一种减少通信开销的方法,以此利用分布在移动设备中的数据训练中心模型。最近,研究人员提出了一种叫作深度梯度压缩(Deep Gradient Compression, DGC)的压缩方法,能够大幅降低在大规模分布式训练中需要的通信带宽[209]。

以上这些研究工作大部分都没有提供安全性的证明。最近,另一种考虑了恶意用户的安全模型也被提出[40],这带来了联邦学习新的安全挑战。当联邦模型训练结束时,聚合模型和整个模型的参数都会暴露给所有的参与方。

4.2 横向联邦学习架构

本节介绍两种常用的横向联邦学习系统架构,分别称为客户-服务器(client-server)架构和对等(Peer-to-Peer,P2P)网络架构。

4.2.1 客户-服务器架构

典型的横向联邦学习系统的客户-服务器架构示例如图 4-1 所示,也被称为主-从(master-worker)架构或者轮辐式(hub-and-spoke)架构。在这种系统中,具有同样数据结构的 K 个参与方(也叫作客户或用户)在服务器(也叫作参数服务器或者聚合服务器)的帮助下,协作地训练一个机器学习模型[35]。横向联邦学习系统的训练过程通常由如下四步组成:

● 步骤 1 各参与方在本地计算模型梯度,并使用同态加密[35]、差分隐私[148] 或秘密共享[115] 等加密技术,对梯度信息进行掩饰,并将掩饰后的结果(简称为加密梯度)发送给聚合服务器。

⬤ 步骤 2 服务器进行安全聚合（secure aggregation）操作，如使用基于同态加密的加权平均[1, 203]。

⬤ 步骤 3 服务器将聚合后的结果发送给各参与方。

⬤ 步骤 4 各参与方对收到的梯度进行解密，并使用解密后的梯度结果更新各自的模型参数。

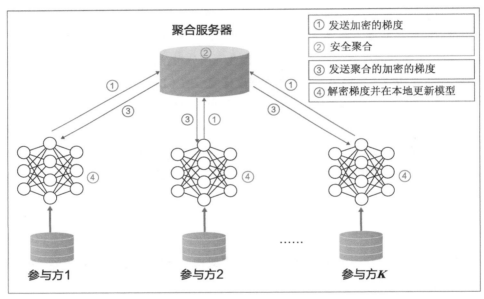

图 4-1 典型的横向联邦学习系统的客户-服务器架构示例[1]

上述步骤将会持续迭代进行，直到损失函数收敛或者达到允许的迭代次数的上限或允许的训练时间，这种架构独立于特定的机器学习算法（如逻辑回归和深度神经网络），并且所有参与方将会共享最终的模型参数。

需要注意的是，上述步骤中参与方将梯度信息发送给服务器，服务器将收到的梯度信息进行聚合（例如，计算加权平均），再将聚合的梯度信息发送给参与方。我们称这种方法为梯度平均（gradient averaging）[12, 210, 211]。除了共享梯度信息，联邦学习的参与方还可以共享模型的参数。参与方在本地计算模型参数，并将它们发送至服务器[12, 153]。服务器对收到的模型参数进行聚合（例如，计算加权平均），再将聚合的模型参数发送给参与方。我们称这种方法为模型平均（model averaging）[12, 73]。

在某些条件下，例如模型参数在参与方每次更新之后进行聚合，此时模型平均等价于梯度平均[12, 210]。表 4–1 比较了模型平均与梯度平均。模型平均和梯度平均在文献[12]中都被称为联邦平均算法（Federated Averaging，FedAvg）。

表 4–1　模型平均和梯度平均的比较[210, 211]

方法	优点	缺点
梯度平均	● 准确的梯度信息 ● 有保证的收敛性	● 加重通信负担 ● 需要可靠连接
模型平均	● 不受 SGD 限制 ● 可以容忍更新缺失 ● 不频繁的同步	● 不保证收敛性 ● 性能损失

如果联邦平均算法使用了安全多方计算[115]或加法同态加密[35]技术，则上述架构便能防范半诚实的（semi-honest）服务器的攻击，并防止数据泄露。然而，在协同学习过程中，若有一个恶意的参与方训练生成对抗网络（Generative Adversarial Network，GAN），将可能导致系统容易遭受攻击[40]。

基于客户-服务器架构的横向联邦学习与分布式机器学习有些类似，尤其是在分布式机器学习的数据并行（data parallelism）范式上（见3.2节）。基于客户-服务器架构的横向联邦学习与地理分布式机器学习（Geo-Distributed Machine Learning，GDML）[212–214]也有很多相似之处，例如，数据分布在不同的地理位置。参数服务器[41, 215]是分布式机器学习中的一个典型元素。作为加速训练过程的一个工具，参数服务器在分布式工作节点上存储数据，通过中央调度节点分配数据和计算资源，从而使得模型训练更为有效。对于横向联邦学习，参与方即是工作节点，对于操作本地数据具有完全的自主权，并能决定在何时、以何种方式加入横向联邦学习系统。在参数服务器范式中[41, 215]，中央节点通常是被控制的，所以横向联邦学习系统面临一个更为复杂的学习环境。此外，横向联邦学习强调在模型训练期间保护数据隐私，因此能有效地保护数据的方法，可以更好地应对越来越严格的用户隐私和数据安全的监管环境。

4.2.2　对等网络架构

除了上面讨论的客户-服务器架构，横向联邦学习系统也能够利用对等网络架构[153, 216–218]，如图 4–2 所示。在该框架下，不存在中央服务器或者协调方。在这种架构中，横向联邦学习系统的 K 个参与方也被称为训练方（trainer）或分布式训练方。每一个训练方负责只使用本地数据来训练同一个机器学习模型（如 DNN 模型）。此外，训练方们使用安全链路（channels）在相互之间传输模型参数信息。为了保证任意两方之间的通信安全，需要使用例如基于公共密钥的加密方法等安全措施。

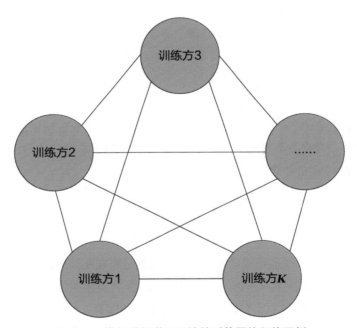

图 4–2　横向联邦学习系统的对等网络架构示例

由于对等网络架构中不存在中央服务器，训练方们必须提前商定发送和接收模型参数信息的顺序，主要有两种方法可以达到这个目的：

1. 循环传输

在循环传输（cyclic transfer）模式中，训练方们被组织成一条链。第一个训练方（即链首）将当前的模型参数发送给它的下一个训练方。该训练方接收来自上游的模型参数后，将使用来本地数据集的小批量数据更新收到的模型参数。之后，它将更新后的模型参数传输给下一个训练方，例如训练方 1 到训练方 2，训练方 2 到训练方 3，$\cdots$，训练方 $(K-1)$ 到训练方 K，然后训练方 K 再回到训练方 1。这一过程将被持续重复，直到模型参数收敛或达到允许的最大训练时间。

2. 随机传输

在随机传输（random transfer）模式中，第 k 个训练方从 $\{1,\cdots,L\}\setminus\{k\}$ 中选取 i，并将模型参数发送给训练方 i。当第 i 个训练方收到来自第 k 个训练方的模型参数后，它将使用来自本地数据集的数据的 mini-batch 更新收到的模型参数。之后，第 i 个训练方也从 $\{1,\cdots,L\}\setminus\{i\}$ 中等概率地随机选取一个数字 j，并将自己的模型参数发送给训练方 j。这一过程将会重复，直到 K 个训练方同意模型参数收敛或达到允许的最大训练时间。这种方法也叫作 Gossip 学习[219, 220]。

共享模型参数在上述描述中是一个例子。对于训练方来说，共享梯度也是允许的，例如基于上述方法的 Gossip SGD 方法[221, 222]。与客户-服务器相比，对等网络架构的一个明显优点便是去除了中央服务器（也可称为服务器、参数服务器、聚合服务器或者协调方），而这类服务器在一些实际应用中可能难以获取或建立。但这一特征也可能带来一些坏处，例如在循环传输模式中，由于没有中央服务器，权重参数并不分批量更新而是连续更新，这将导致训练模型耗费更多的时间。

4.2.3　全局模型评估

在横向联邦学习中，模型训练和评估是在每个参与方中分布地执行的，并且任意方都不能获取其他方的数据集。所以，每个参与方都能轻易地使用自己的本地测试数据集来测试本地模型的性能，但得到全局模型的性能评价需要耗费更多资源。在这里，本地模型性能表示某一参与方在本地测试数据集上检验得出的横向联邦学习模型的性能，全局模型性能表示所有参与方在测试数据集上对横向联邦学习模型进行测试得出的模型性能。模型性能可以表现为精确度（precision）、准确度（accuracy）和召回率（recall）等。为进一步解释，我们用一个二分类模型作为例子，来解释是如何得到横向联邦学习模型的性能的。

对于客户-服务器架构，参与方和协作方能够协作地获得全局模型性能。在横向联邦学习的模型训练过程中和模型训练结束之后，我们能够根据以下步骤得到全局模型性能：

● **步骤 1** 第 k 个参与方使用本地的测试数据集，对现有的横向联邦学习模型进行性能评估。对于二分类任务，这一步将会生成本地模型测试结果 $\left(N_{\text{TP}}^{(k)}, N_{\text{FP}}^{(k)}, N_{\text{TN}}^{(k)}, N_{\text{FN}}^{(k)}\right)$，其中，$N_{\text{TP}}^{(k)}$、$N_{\text{FP}}^{(k)}$、$N_{\text{TN}}^{(k)}$ 和 $N_{\text{FN}}^{(k)}$ 分别表示真阳性、假阳性、真阴性和假阴性的测试结果的数量。参与方 $k = 1, 2, \cdots, K$ 都执行此操作。

● **步骤 2** 第 k 个参与方给协调方发送本地模型预测结果 $\left(N_{\text{TP}}^{(k)}, N_{\text{FP}}^{(k)}, N_{\text{TN}}^{(k)}, N_{\text{FN}}^{(k)}\right)$。参与方 $k = 1, 2, \cdots, K$ 都执行此操作。

● **步骤 3** 在收集 K 个参与方的本地模型测试结果 $\left\{(N_{\text{TP}}^{(k)}, N_{\text{FP}}^{(k)}, N_{\text{TN}}^{(k)}, N_{\text{FN}}^{(k)})\right\}_{k=1}^{K}$ 之后，协调方能够计算全局模型性能测试结果。例如，对于二分类任务，全局召回率能够通过 $\frac{\sum_{k=1}^{K} N_{\text{TP}}^{(k)}}{\sum_{k=1}^{K} \left(N_{\text{TP}}^{(k)} + N_{\text{FN}}^{(k)}\right)}$ 计算得到。

● **步骤 4** 协调方将计算得到的全局模型性能（如准确率、精确率和召回率）发送给所有的参与方。

对于对等网络架构，由于不存在中央协调方或者中央服务器，要得到全局模型性能将会更为复杂。一种可能的方式是选取某一个参与方来充当一个临时的协调方。之后，我们能够根据为上述客户-服务器架构设计的解决方案，得到对等网络架构的全局模型性能。我们推荐将这种方法用于在训练结束之后评估最终的横向联邦学习模型的性能。然而，假如我们在联邦模型训练期间使用这种方法，将会给临时协调方造成过多负担，而这可能不适合移动型训练方或者资源有限的 IoT 设备（例如，电池电量受限的 IoT 设备）。

4.3 联邦平均算法介绍

文献[12, 13]提出将联邦平均算法（FedAvg）用于横向联邦学习的模型训练。我们将会在本节中以客户-服务器架构为例，对联邦平均算法及其安全版本进行回顾。为了区别于并行小批量随机梯度下降算法（parallel mini-batch SGD），联邦平均算法也被称为并行重启的随机梯度下降算法（parallel restarted SGD）[73] 或者 local SGD[223]。

4.3.1 联邦优化

为了区别于分布式优化问题，联邦学习中的优化问题被称为联邦优化[13, 46]，联邦优化具有一些关键特性，使其与传统分布式优化问题有所区别。

1. **数据集的非独立同分布**（Non-independent and Identically Distributed，Non-IID）

对于一个在数据中心内的分布式优化，确保每一台机器都有着独立同分布的（Independent and Identically Distributed，IID）数据集是容易办到的，因此所有参与方的模型参数更新操作非常相似。而在联邦优化中，这一条件难以实现，因为由不同参与方拥有的数据可能有着完全不同的分布，即我们不能对分布式数据集进行 IID 假设[23, 46, 224]。例如，相似的参与方可能拥有相似的本地训练数据，而两个随机选取的参与方可能拥有不同的训练数据，因而他们会产生非常不同的模型参数更新。

2. **不平衡的数据量**

对于一个数据中心内的分布式优化，可以将数据均匀地分配到各工作机器中。然而在现实环境中，联邦学习的不同参与方通常拥有不同规模的训练数据集[225-227]。例如，相似的参与方可能拥有相似体量的本地训练数据集，而两个随机选取的参与方可能会拥有不同大小的训练数据集。

3. **数量很大的参与方**

对于一个数据中心内的分布式优化，并行工作机器的数量是可以轻易控制的。然而，由于机器学习一般需要大量数据，使用联邦学习的应用可能需要涉及许多参与方，尤其是使用移动设备的参与方[64]。每一个用户都可以在理论上参与到联邦学习中来，这使得会出现参与方的数量和分散程度远远超过数据中心的情况。

4. **慢速且不稳定的通信连接**

在数据中心里，人们期望计算节点彼此间能够快速通信，并且丢包率很低。然而，在联邦学习中，客户和服务器间的通信依赖于现有的网络连接。例如，上行通信（从客户端到服务器）通常比下行通信（从服务器到客户端）要慢很多，尤其是在使用移动网络进行连接时。一些客户还可能在某些时候暂时失去网络连接[8, 211]。

为了应对联邦优化中面临的挑战，谷歌的 H. Brendan McMahan 等人提出使用联邦平均算法来求解联邦优化问题[13]。联邦平均算法可以用于深度神经网络训练中遇到的非凸损失函数（即损失函数是神经网络模型参数的非凸函数，常见于深度神经网络模型[6]）[12, 13]。联邦平均算法适用于任何下列有限加和形式的损失函数：

$$\min_{w \in R^d} f(w) = \frac{1}{n} \sum_{i=1}^{n} f_i(w), \tag{4-2}$$

式中，n 表示训练数据的数量；$w \in R^d$ 表示 d 维的模型参数（如 DNN 的权重值）。

对于机器学习问题，我们一般选取 $f_i(w) = \mathcal{L}(x_i, y_i; w)$。其中，$\mathcal{L}(x_i, y_i; w)$ 表示在给定模型参数 w 上对样本 (x_i, y_i) 进行预测所得到的损失结果，x_i 和 y_i 分别表示第 i 个训练数据点及其相关的标签。

假设有 K 个参与方（也叫作数据拥有者或客户端）在一个横向联邦学习系统中，设 $\mathcal{D}_k$ 表示由第 k 个参与方所拥有的数据集，$\mathcal{P}_k$ 表示位于客户 k 的数据点的索引集。设 $n_k = |\mathcal{P}_k|$ 表示 $\mathcal{P}_k$ 的基数（即集合的大小）。也就是说，我们假设第 k 个参与方有 n_k 个数据点。因此，当总共有 K 个参与方时，式(4-2)可以写为：

$$f(w) = \sum_{k=1}^{K} \frac{n_k}{n} F_k(w), \quad F_k(w) = \frac{1}{n_k} \sum_{i \in \mathcal{P}_k} f_i(w). \tag{4-3}$$

如果联邦学习的 K 个参与方拥有的数据点是独立同分布的（IID），我们可以得到 $\mathbb{E}_{\mathcal{D}_k}[F_k(w)] = f(w)$，其中期望值 $\mathbb{E}_{\mathcal{D}_k}[\cdot]$ 表示对第 k 个参与方所拥有的数据点进行求期望。上述 IID 假设是由分布式优化算法和分布式机器学习算法引申来的。如果该 IID 假设不成立，即我们考虑 Non-IID 的情况，则由第 k 个参与方维护的函数 $F_k(\cdot)$ 所得到的结果可能会变为目标函数 $f(\cdot)$ 的一个非常糟糕的近似[6, 22, 23]。

随机梯度下降（SGD）及其一系列变形是最常用的深度学习优化算法[228]。许多在深度学习领域的发展都能理解为是模型结构的调整（因此损失函数得到减小），使其能更易于通过简单的基于梯度的方法来进行优化[6]。鉴于深度学习的广泛应用，我们很自然地想到基于随机梯度下降来搭建联邦优化算法。

随机梯度下降可以方便地用于联邦优化中，其中一个简单的小批量（mini-batch）梯度计算（以随机选取的一个参与方为例）在每一轮训练中都会被执行。在这里，"一轮"表示将本地模型更新从参与方发送至服务器和从服务器将聚合的结果发回到参与方，即图 4-1 中所包含的步骤①～④。这种方法在计算上是非常有效的，但需要非常多轮次的训练才能得到令人满意的模型。例如，即便使用了像批标准化（Batch Normalization，BN）这样的先进方法，文献[229]揭示了在 MINST 数据集上，当选择小批量为 60 时，需要进行 50000 轮的训练。

对于分布式机器学习，在数据中心或计算集群中使用并行训练，因为有高速通信连接，所以通信开销相对很小。在这样的情况下，计算开销将会占主导地位。最近的研究着重于使用图形处理单元（GPU）来降低这类计算的时间开销。与此不同的是，在联邦学习的模型训练中，由于通信需要依靠互联网，甚至是无线网络，所以通信代价是占主导地位的。在联邦学习中，相对于整个数据集的规模来说，任何单一的在某一台设备上的数据集都是相对较小的，而现代智能手机都拥有相对较快的处理器（包括 GPU）。因此，对于许多模型而言，计算代价相比通信代价是微乎其微的。所以，我们可能需要使用额外的计算，以减少训练模型所需的通信轮次（communication rounds）。有两种主要的增加计算的方法[12]。

- **增加并行度。** 我们可以加入更多的参与方，让它们在通信轮次间各自独立地进行模型训练。

- **增加每一个参与方中的计算。** 每一个参与方可以在两个通信轮次之间进行更复杂的计算，例如进行多次本地模型更新迭代，而不是仅仅进行如单个批次的梯度计算这类简单的计算。

4.3.2　联邦平均算法

正如文献[13]描述的那样，联邦平均算法允许我们能够使用上述两种方法来增加计算。计算量由三个关键参数控制：

（1）**参数 ρ。** 指在每一轮中进行计算的客户的占比。

（2）**参数 S。** 指在每一轮中，每一个客户在本地数据集上进行训练的步骤数。

（3）**参数 M。** 指客户更新时使用的 mini-batch 的大小。我们使用 $M = \infty$ 来表示完整的本地数据集被作为一个批量来处理。

我们能够设定 $M = \infty$ 和 $S = 1$ 来产生一个具有不同大小的 mini-batch 的 SGD 形式。该算法在每一迭代轮次中选取数量占比为 ρ 的参与方，并在由这些参与方拥有的数据上进行梯度计算和损失函数计算。所以在该算法中，ρ 控制着全局批大小，当 $\rho = 1$ 时，表示在所有参与方拥有的所有数据上使用全部训练数据（亦称全批量，full-batch）梯度下降（非随机选择训练数据）。我们仍然通过在选定的参与方上使用所有的数据来选择批量，我们称这种简单的基线算法为 FederatedSGD。假设由不同参与方拥有的数据集符合 IID 条件，且批量的选取机制与通过随机选取样本的方式不同，由 FederatedSGD 算法计算得到的批梯度 g 仍然满足 $\mathbb{E}[g] = \nabla f(w)$。

假设协作方或服务器拥有初始模型，且参与方了解优化器的设定。对于拥有固定学习率 η 的分布式梯度下降的典型实现，在第 t 轮更新全局模型参数时，第 k 个参

与方将会计算 $g_k = \nabla F_k(w_t)$，即它在当前模型参数 w_t 的本地数据的平均梯度，并且协调方将会根据以下公式聚合这些梯度并使用模型参数的更新信息[13]：

$$w_{t+1} \leftarrow w_t - \eta \sum_{k=1}^{K} \frac{n_k}{n} g_k, \tag{4-4}$$

式中，$\sum_{k=1}^{K} \frac{n_k}{n} g_k = \nabla f(w_t)$，假设由不同参与方拥有的数据集符合 IID 条件。协调方之后能够将更新后的模型参数 w_{t+1} 送给各参与方。或者协调方可将平均梯度 $\overline{g}_t = \sum_{k=1}^{K} \frac{n_k}{n} g_k$ 发送给各参与方，且参与方将根据式(4-4)计算更新后的模型参数 w_{t+1}。这种方法被叫作梯度平均[210, 211]。

文献[13]同时提出了一种等价联邦模型训练方法：

$$\forall k,\ w_{t+1}^{(k)} \leftarrow \overline{w}_t - \eta g_k, \tag{4-5}$$

$$\overline{w}_{t+1} \leftarrow \sum_{k=1}^{K} \frac{n_k}{n} w_{t+1}^{(k)}. \tag{4-6}$$

每一个客户根据式(4-5)在本地对现有的模型参数 $\overline{w}_t$ 使用本地数据执行梯度下降的一个（或多个）步骤，并且将本地更新的模型参数 $w_{t+1}^{(k)}$ 发送给服务器。之后服务器根据式(4-6)对模型结果进行加权平均计算，并将聚合后的模型参数 $\overline{w}_{t+1}$ 发送给各参与方。这种方法被称为模型平均[13, 73]。

联邦平均算法的模型平均方法在算法 4-1 中进行了总结。当算法以这种方式表示时，人们自然会问，参与方在进入平均操作之前会进行本地模型更新（见式(4-5)）若干次，参与方在这期间究竟有哪些计算操作？对于一个有 n_k 个本地数据点的参与方，每一轮进行的本地更新次数可以表示为 $u_k = \frac{n_k}{M} S$。联邦平均算法完整的伪代码已在算法 4-1 中给出。

然而，对于一般的非凸目标函数，在模型参数空间中的模型平均可能会产生一个很差的联邦模型，甚至可能导致模型不能收敛[210, 211]。幸运的是，最近的研究表明，充分参数化的 DNN 的损失函数表现得很好，特别是出现不好的局部极小值的可能性比以前认为的要小[230]。当我们以同一随机初始化来启动两个模型，并分别在数据的不同子集上进行独立训练时（同上述），基于该方法的模型聚合工作表现得很好[12, 13, 73]。Dropout 训练方法的成功经验为联邦模型平均方法提供了一些直观的经验解释。Dropout 训练可以被理解为在不同的共享模型参数的架构中的平均模型，并且模型参数的推理时间缩放比例类似于在文献[231]中使用的模型平均方法。

算法 4–1　联邦平均算法（参考文献 [13]）

1: **在协调方执行：**
2:　初始化模型参数 w_0，并将原始的模型参数 w_0 广播给所有的参与方。
3: **for** 每一全局模型更新轮次 $t = 1, 2, \cdots$ **do**
4:　协调方确定 $\mathcal{C}_t$，即确定随机选取的 $\max(K\rho, 1)$ 个参与方的集合。
5:　**for** 每一参与方 $k \in \mathcal{C}_t$ **并行地 do**
6:　　本地更新模型参数：$w_{t+1}^{(k)} \leftarrow$ **参与方更新** $(k, \overline{w}_t)$。（见本算法第 13 行）
7:　　将更新后的模型参数 $w_{t+1}^{(k)}$ 发送给协调方。
8:　**end for**
9:　协调方将收到的模型参数进行聚合，即对收到的模型参数使用加权平均：$\overline{w}_{t+1} \leftarrow \sum_{k=1}^{K} \frac{n_k}{n} w_{t+1}^{(k)}$。（加权平均只考虑对于 $k \in \mathcal{C}_t$ 的参与方）
10:　协调方检查模型参数是否已经收敛。若收敛，则协调方给各参与方发信号，使其全部停止模型训练。
11:　协调方将聚合后的模型参数 $\overline{w}_{t+1}$ 广播给所有参与方。
12: **end for**

13: **在参与方更新** $(k, \overline{w}_t)$:
　（由参与方 k, $\forall k = 1, 2, \cdots, K$ 并行执行）
14: 从服务器获得最新的模型参数，即设 $w_{1,1}^{(k)} = \overline{w}_t$。
15: **for** 从 1 到迭代次数 S 的每一次本地迭代 i **do**
16:　批量（batches）$\leftarrow$ 随机地将数据集 $\mathcal{D}_k$ 划分为批量 M 的大小。
17:　从上一次迭代获得本地模型参数，即设 $w_{1,i}^{(k)} = w_{B,i-1}^{(k)}$。
18:　**for** 从 1 到批量数量 $B = \frac{n_k}{M}$ 的批量序号 b **do**
19:　　计算批量梯度 $g_k^{(b)}$。
20:　　本地更新模型参数：$w_{b+1,i}^{(k)} \leftarrow w_{b,i}^{(k)} - \eta g_k^{(b)}$。
21:　**end for**
22: **end for**
23: 获得本地模型参数更新 $w_{t+1}^{(k)} = w_{B,S}^{(k)}$，并将其发送给协调方。（对于 $k \in \mathcal{C}_t$ 的参与方）

4.3.3　安全的联邦平均算法

算法 4–1 中描述的联邦平均算法会暴露中间结果的明文内容，例如从 SGD 或 DNN 模型参数等优化算法中产生的梯度信息。它没有提供任何安全保护，如果数据结构也被泄露，模型梯度或者模型参数的泄露可能会导致重要数据和模型信息的泄露[35]。我们可以利用隐私保护技术，例如使用第 2 章中描述的各种常用隐私保护方法，从而保护联邦平均中的用户隐私和数据安全。

作为例证，我们可以使用加法同态加密（AHE）[125]，具体如 Paillier 算法[121]，或者基于带错误学习 (Learning With Errors, LWE) 的加密方法[35]，来加强联邦平均算法的安全属性。

AHE 是一种半同态加密算法，支持加法和标量乘法操作（即加法同态和乘法同态[121]）。为便于参考，这里总结了 AHE 的关键特性。设 $[[u]]$ 和 $[[v]]$ 分别表示对 u 和 v 进行同态加密的结果。对于 AHE，有以下特点 (亦可参见2.4.2节)。

- **加法同态:** $\text{Dec}_{sk}([[u]] \oplus [[v]]) = \text{Dec}_{sk}([[u+v]])$。其中，"$\oplus$"可以表示在密文上的乘法[121]。
- **标量乘法同态:** $\text{Dec}_{sk}([[u]] \odot n) = \text{Dec}_{sk}([[u \cdot n]])$。其中，"$\odot$"可以表示密文的 n 次方[121]。

式中，Dec 表示解密函数；sk 表示用于解密的隐私密钥（secret key）。

由于 AHE 拥有这两个很适用的特性，可以直接将 AHE 方法用于联邦平均算法，确保相对于协作方或者服务器的安全性。我们将安全的联邦平均算法的描述总结在算法 4–2 中。

特别地，通过比较算法 4–1 和算法 4–2 可以观察到，诸如 AHE 这类方法，可以很容易地加入原始的联邦平均算法中，以提供安全的联邦学习。文献[35] 指出，在特定条件下，算法 4–2 展示的安全的联邦平均算法将不会给诚实但好奇的协调方泄露任何参与方的信息，并且其中的同态加密方法能够抵御选择明文攻击（Chosen-Plaintext Attack, CPA）。换言之，算法 4–2 抵御了诚实但好奇的某一方的攻击，确保了联邦学习系统的安全性。

在 AHE 方法中，数据和模型本身并不会以明文形式被传输，因此几乎不可能发生原始数据层面的泄露。然而，加密操作和解密操作将会提高计算的复杂度，并且密文的传输也会增加额外的通信开销。AHE 的另一个缺点是，为了评估非线性函数，需要使用多项式近似（例如，使用泰勒级数展开来近似计算损失函数和模型梯度）。所以，在精度与隐私性之间需要进行权衡。用于保护联邦平均算法的安全技术仍需进一步研究。

算法 4-2 安全的联邦平均算法 (使用加法同态加密的模型平均算法)

1: **协调方执行：**

2: 初始化模型参数 w_0，并将原始的模型参数 w_0 广播给所有的参与方。

3: **for** 每一个全局模型更新轮次 $t = 1, 2, \cdots$ **do**

4: 　协调方确定 $\mathcal{C}_t$，即确定随机选取的 $\max(K\rho, 1)$ 个参与方的集合。

5: 　**for** 每一个参与方 $k \in \mathcal{C}_t$ **并行地 do**

6: 　　本地更新模型参数：$[[w_{t+1}^{(k)}]] \leftarrow$ **参与方更新** $(k, [[\overline{w}_t]])$ 。（见本算法第 13 行）

7: 　　将更新后的模型参数 $[[w_{t+1}^{(k)}]]$ 以及相关的损失函数 $\mathcal{L}_{t+1}^{(k)}$ 发送给协调方。

8: 　**end for**

9: 　协调方对收到的模型参数进行聚合，即对收到的模型参数进行加权平均：$[[\overline{w}_{t+1}]] \leftarrow \sum_{k=1}^{K} \frac{n_k}{n} [[w_{t+1}^{(k)}]]$（这些都是密文操作，为便于阅读，这里重用了加法和乘法数学符号来表示基于同态加密的计算。加权平均只考虑对于 $k \in \mathcal{C}_t$ 的参与方）

10: 　协调方检查损失函数 $\sum_{k \in \mathcal{C}_t} \frac{n_k}{n} \mathcal{L}_{t+1}^{(k)}$ 是否收敛或者是否达到最大训练轮次。若是，则协调方给各参与方发信号，使其全部停止模型训练。

11: 　协调方将聚合后的模型参数 $[[\overline{w}_{t+1}]]$ 发送给所有参与方。

12: **end for**

13: **参与方更新** $(k, [[\overline{w}_t]])$：

　（由参与方 k，$\forall k = 1, 2, \cdots, K$ 并行执行）

14: 解密 $[[\overline{w}_t]]$ 以获得 $\overline{w}_t$。

15: 从服务器获得最新的模型参数，即设 $w_{1,1}^{(k)} = \overline{w}_t$。

16: **for** 从 1 到迭代次数 S 的每一次本地迭代 i **do**

17: 　批量（batches）← 随机地将数据集 $\mathcal{D}_k$ 划分为批量 M 的大小。

18: 　从上一次迭代获得本地模型参数，即设 $w_{1,i}^{(k)} = w_{B,i-1}^{(k)}$

19: 　**for** 从 1 到批量数量 $B = \frac{n_k}{M}$ 的批量序号 b **do**

20: 　　计算批梯度 $g_k^{(b)}$。

21: 　　本地更新模型参数：$w_{b+1,i}^{(k)} \leftarrow w_{b,i}^{(k)} - \eta g_k^{(b)}$。

22: 　**end for**

23: **end for**

24: 获得本地模型参数更新 $w_{t+1}^{(k)} = w_{B,S}^{(k)}$。

25: 在 $w_{t+1}^{(k)}$ 上执行加法同态加密以得到 $[[w_{t+1}^{(k)}]]$，并将 $[[w_{t+1}^{(k)}]]$ 和相关损失 $\mathcal{L}_{t+1}^{(k)}$ 发送给协调方。（对于 $k \in \mathcal{C}_t$ 的参与方）

4.4 联邦平均算法的改进

4.4.1 通信效率提升

在联邦平均算法的实现中，在每一个全局模型训练轮次中，每一个参与方都需要给服务器发送完整的模型参数更新。由于现代的 DNN 模型通常有数百万个参数，给协调方发送如此多的数值将会导致巨大的通信开销，并且这样的通信开销会随着参与方数量和迭代轮次的增加而增加。当存在大量参与方时，从参与方上传模型参数至协调方将成为联邦学习的瓶颈。为了降低通信开销，研究者提出了一些改善通信效率的方法。一个例子便是文献[14]，其提出了两种发送更新模型参数的策略，以便降低通信开销。

1. 压缩的模型参数更新（Sketched updates）

参与方正常计算模型更新，之后进行本地压缩。压缩的模型参数更新通常是真正更新的无偏估计值，这意味着它们在平均之后是相同的。一种执行模型参数更新压缩的可行方法是使用概率分层。参与方之后给协调方发送压缩更新，这样可以降低通信开销。

2. 结构化的模型参数更新（Structured updates）

在联邦模型训练过程中，模型参数更新被限制为允许有效压缩操作的形式。例如，模型参数可能被强制要求是稀疏的或者是低阶的，或者可能被要求在一个使用更少变量进行参数化的限制空间内进行模型参数更新计算。之后优化过程将找出这种形式下最可能的更新信息，再将这个模型参数更新发送给协调方，以便降低通信开销。

文献[232]的作者于 2015 年对 DNN 模型进行了研究，并且提出了一种执行模型参数压缩的三层流水线。首先，通过去除冗余来删除 DNN 内的某些连接，只保留最重要的连接部分。其次，量化权重，从而使得多个连接共享同一个权重值，只保留有效权重。最后，使用哈夫曼编码以利用有效权重的偏倚分布。

由于模型参数在联邦学习中是共享的，我们可以使用模型参数压缩来降低通信代价。类似地，因为梯度在联邦学习中也是共享的，我们可以使用梯度压缩来降低通信开销。一种知名的梯度压缩方法是深度梯度压缩方法（DGC）[233]。DGC 使用了四种方法：动量修正、本地梯度截断、动量因子隐藏和预热训练。文献[233]将 DGC 应用于图像分类、自动语音识别以及自然语言处理等任务。这些实验的结果展示了

DGC 能够在不降低模型精度的前提下，达到 270~600 倍的梯度压缩比率。因此，DGC 可以用来降低梯度共享所需的带宽，使得在移动设备上的联邦学习或者大规模联邦深度学习变得更易于实现。

如果仍然可以保证训练的收敛性，客户端也可以避免将不相关的模型更新上传到服务器，以降低通信开销[214, 234]。例如文献[234]的作者建议向客户提供有关模型更新的全局模型趋势的反馈信息。每个客户都检查其本地模型更新是否符合全局趋势，以及是否与全局模型改进足够相关。这样，每个客户端可以决定是否将其本地模型更新上传到服务器。这种方法也可以视为客户选择的一种特殊情况。

4.4.2　参与方选择

在文献[13]中，参与方选择的方法被推荐用来降低联邦学习系统的通信开销和每一轮全局联邦模型训练所需的时间。然而，文献[13]并未提出任何用于参与选择的具体方法。文献[235]的作者介绍了一种用于参与方选择的方法，共包含两个步骤。第一步是资源检查，即向随机筛选出来的参与方发送资源查询消息，询问它们的本地资源以及与训练任务相关的数据规模。第二步是协调方使用这些信息估计每一个参与方计算本地模型更新所需的时间，以及上传更新所需的时间。之后，协调方将基于这些估计决定选择哪一个参与方。在给定一个全局迭代轮次所需的具体时间预算的情况下，协调方希望选择尽可能多的参与方[235]。

4.5　相关工作

谷歌公司在 2019 年 6 月举办了联邦学习研讨会，召集了全世界的联邦学习研究者和开发者，并展示了联邦学习的最新研究结果[236]，例如不可知联邦学习（Agnostic Federated Learning）[237]、联邦迁移学习（见第 6 章）、联邦学习的激励机制设计（见第 7 章）、联邦学习的隐私保护机制、联邦学习的安全性和公平性等方面的最新研究进展 (例如文献[38, 238–240])。此外，还有关于在研究和部署联邦学习应用开源平台 TensorFlow-Federated 的演讲[67]。本节举例介绍一些关于联邦学习的最新研究成果。

通信开销问题是联邦学习系统面临的主要挑战之一。文献[241]提出了一种叫作 AdaComm 的自适应通信策略，可以解决联邦学习中遇到的随机通信延迟问题，也可以显著降低联邦学习系统的通信开销。AdaComm 首先使用不频繁的模型聚合来节省通信带宽和适应随机延迟，以及提高模型训练的收敛速度。之后，AdaComm 会逐渐提高通信频度，从而达到更好的联邦模型性能和更低的错误水平。文献[241] 还对周期平均随机梯度下降（periodic averaging SGD）算法的误差和运行时间的折中进行了理论分析，其中每一个参与方在本地更新且它们的模型被周期性地平均化（如每隔 τ 次本地迭代）。文献[241]考虑了在运行期间每一轮迭代中，周期平均随机梯度下降算法的计算用时和通信延迟的影响，首次对物理时间和误差的收敛性进行了分析，而不是相对于迭代次数分析收敛性。AdaComm 是一种用于联邦学习的高效通信随机梯度下降算法，尤其适用于大规模移动终端的应用。

正如在 4.3 节所讨论的那样，联邦平均算法在满足独立同分布（IID）数据条件下的特定非凸目标函数（也称为代价函数，或者损失函数）中能够很好地运行，但在非独立同分布（Non-IID）条件的数据集下的其他非凸目标函数中，它可能会产生难以预测的结果[230]。在文献[47]中，研究人员提出了一种新的异步解决方案，可以用来改善在非独立同分布训练数据上联邦优化的灵活性和扩展性。关键思想是服务器和客户异步地执行模型更新。当服务器收到一个客户的本地模型更新时，它将立即更新全局模型。服务器和客户之间的通信是无阻塞的。文献[47]的作者们对用于非独立同分布条件下一类有限的非凸问题的异步方法的收敛性进行了进一步分析，并通过一些例子指出这种异步算法具有快速收敛和容忍延迟的优良特性。一些混合超参数被用来控制收敛率和方差缩减之间的权衡。然而，在实际过程中，这种异步算法涉及的超参数可能难以调优。

横向联邦学习的协调方是一个潜在的隐私泄露源，所以事实上一些学者更倾向于移除这一角色。例如，文献[216]考虑了对等网络架构的联邦学习，即不存在中央协调方的联邦学习，提出了一种利用描述参与方任务之间关系的协作图的优化过程。协作图和 ML 模型都是被协作学习的。文献[216]提出的完全去中心化解决方案交替于：以贪心加速方式在给定图下训练非线性 ML 模型，以及在给定 ML 模型下更新协作图（稀疏性可控）。此外，参与方只与少数对等方交换信息（图中的直接邻居以及其他一些更随机的参与方），因此可以确保完全去中心化解决方案的扩展性。

谷歌率先将横向联邦学习应用于 B2C 应用，主要用于部署在协同机器学习模型训练的移动设备，即谷歌输入法（Gboard）[15, 18, 19]，并且尤其适用于在巨大数量的移动设备上的应用场景[64]。随着谷歌提倡并发展用于移动终端应用的横向联邦学习，横向联邦学习已经被应用于多种的场合，特别是 B2B 应用。在谷歌联邦学习研讨会期间[236]，来自加州大学伯克利分校的 Dawn Song 教授提出了用于联邦学习的异常检测技术，例如欺骗检测[242, 243]。围绕这一方向，近期也有一些研究成果，例如文献[244, 245]。我们将会在第 8 章和第 10 章提供更多关于横向联邦学习的实际应用的例子。

4.6　挑战与展望

当前已经有许多横向联邦学习的商业落地应用案例，例如由谷歌在移动设备上使用的横向联邦学习构建用户输入下一个词预测模型，即谷歌输入法 Gboard[64]。然而，横向联邦学习的发展仍然处于初级阶段，并且仍然面临诸多技术挑战。

第一个主要挑战是在横向联邦学习系统里，我们无法查看或者检查分布式的训练数据。这导致了我们面对的主要问题之一，就是很难选择机器学习模型的超参数以及设定优化器，尤其是在训练 DNN 模型时。人们一般会假设协作方或者服务器拥有初始模型，并且知道如何训练模型。然而，在实际情况中，由于并未提前收集任何训练数据，我们几乎不可能为 DNN 模型选择正确的超参数并设定优化器。在这里，超参数可能包括 DNN 的层数、DNN 的每一层中节点的个数、卷积神经网络（CNN）的结构、循环神经网络（RNN）的结构、DNN 的输出层及激活函数等。优化器的设置选项可能包括优化器的种类选择、批大小及学习率。例如，由于并没有关于梯度模大小的信息，我们甚至连学习率都难以确定。在生产过程中，尝试许多不同的超参数设置会花费很多时间，也会使产品开发过程变得低效和漫长。为了解决这类挑战，文献[8, 16] 提出的基于模拟的方法是一种可以在实际应用时考虑使用的方法。

第二个主要挑战是如何有效地激励公司和机构参与到横向联邦学习系统中来。传统上，大型公司和组织一直在致力于收集数据和创造数据孤岛，从而使得自己在人工智能时代更具竞争力。通过加入横向联邦学习，其他的竞争者可能会从这类大公司的数据中受益，使得这些大公司丧失市场的主导地位。因此，激励这些大公司来参与到横向联邦学习中是很困难的。为了解决这一问题，我们需要设计出有效的数据保护政策、适当的激励机制及用于横向联邦学习的商业模型。

当用于移动设备时，通常会比较难以说服移动设备的拥有者们来允许他们的设备参与到联邦学习系统中来。因此，应该向移动用户展示足够的激励与效益，以使得他们对使自己的移动设备参与到联邦学习中有所兴趣，例如加入联邦学习后可以获得更好的用户体验。

第三个主要挑战是如何防止参与方的欺骗行为。我们通常假设参与方都是诚实的，然而在现实生活场景中，诚实只有在法律和法规的约束下才会存在。例如，一个参与方可能欺骗性地宣称自己能够给模型贡献训练的数据点的数量，并谎报训练模型的测试结果，以此获得更多的益处。由于我们并不能检测任何参与方的数据集，所以很难觉察出这种行为。为了解决这种问题，我们需要设计一种着眼全局的保护诚实参与方的方法。

为了实现横向联邦学习的大规模商用，我们仍然需要做许多的研究工作。除了需要解决前面提及的几个主要问题，我们还需要研究掌控训练过程的机制。例如，由于模型的训练和评估在每一个参与方上都是本地进行的，我们需要发掘新的方法以避免过拟合以及触发提前停止训练。另一个有趣的研究方向是如何管理拥有不同可靠度的参与方。例如，一些参与方可能会由于网络连接中断或者其他问题，导致在横向联邦学习的训练过程中退出。因此，我们需要更灵活的解决方案来移除掉线的参与方并加入新的参与方，并且不能影响到联邦模型训练过程和模型精度，尤其不能影响模型训练的收敛速度。

CHAPTER 5

纵向联邦学习

本章将介绍如何搭建跨部门或机构的联邦学习，使得可以通过共有的样本集在保证安全隐私的条件下，利用他们各自不同的特征集展开联邦学习，并建立和使用模型。

我们已在第 4 章介绍了横向联邦学习（HFL）适用于参与方的数据集具有相同的特征空间、不同的样本空间（如不同的用户）的场景。HFL 可以很方便地用于建立由庞大数量的移动设备所支持的应用 [12, 246]。在这些场景下，联邦的目标是应用的消费者群体，可以将其视为企业对消费者（B2C）范式。然而，在许多实际场景中，联邦学习的参与方是拥有同一用户群体的组织或机构。这些组织针对同一群体收集不同的数据特征以实现不同的业务目标。他们为了提高业务效率，通常有很强的合作意向，这可以被视作企业对企业（B2B）范式。

假设有一位用户在一家银行中有一些能够反映出该用户的经济收入、消费习惯和信用评级的数据记录。同时在一家电商平台中记录着这位用户所浏览和购买的商品的历史信息。尽管这两家公司拥有用户数据的特征空间完全不同，它们彼此间却有着紧密的联系。例如，用户的购买历史可能在某种程度上决定了该用户的信用评级。这种场景在现实生活中是十分常见的，保险公司可能会与银行合作，根据同一用户的购买历史与消费习惯，为该用户提供定制化的服务；医院可以与制药公司合作，通过利用同类患者的医疗记录，从而治疗患者的慢性疾病，并降低患者未来住院治疗的风险。

我们把在数据集上具有相同的样本空间、不同的特征空间的参与方所组成的联邦学习归类为纵向联邦学习（Vertical Federated Learning，VFL），也可以理解为按特征划分的联邦学习。"纵向"一词来自"纵向划分"（vertical partition），该词广泛用于数据库表格视图的语境中，如表格中的列被纵向划分为不同的组，且每列表示所有样本的一个特征。本章将介绍 VFL，包括其定义、架构、算法和面临的研究挑战。

5.1 纵向联邦学习的定义

出于不同的商业目的，不同组织拥有的数据集通常具有不同的特征空间，但这些组织可能共享一个巨大的用户群体，如图 1-4 所示。通过使用 VFL，我们可以利用分布于这些组织的异构数据，搭建更好的机器学习模型，并且不需要交换和泄露隐私数据。

在这种联邦学习体系下，每一个参与方的身份和地位是相同的。联邦学习帮助大家建立起一个"共同获益"策略，这就是为什么这种方法被称为联邦学习。对于这样的纵向联邦学习系统，我们有：

$$\mathcal{X}_i \neq \mathcal{X}_j, \ \mathcal{Y}_i \neq \mathcal{Y}_j, \ I_i = I_j \ \ \forall \mathcal{D}_i, \mathcal{D}_j, i \neq j, \tag{5-1}$$

式中，$\mathcal{X}$ 表示特征空间；$\mathcal{Y}$ 表示标签空间；I 是样本 ID 空间；$\mathcal{D}$ 表示由不同参与方拥有的数据集[1]。纵向联邦学习的目的是，通过利用由参与方收集的所有特征，协作地建立起一个共享的机器学习模型。

在 VFL 的设置中，存在一些关于实现安全和隐私保护的假设。首先，VFL 假设参与方都是诚实但好奇的。这意味着参与方虽然遵守安全协议，但将会尝试通过从其他参与方处获得的信息，尽可能多地推理出信息中包含的具体内容。由于各参与方也想要搭建一个更加精确的模型，所以他们相互之间不会共谋。第二，VFL 假设信息的传输过程是安全且足够可靠的，能够抵御攻击。此外，还假设通信是无损的，不会使得中间结果的内容发生变化。一个半诚实的第三方（Semi-honest Third Party，STP）可能会被引入来帮助参与方进行安全的联邦学习。STP 独立于各参与方，它将会收集中间结果以计算梯度和损失值，并将结果转发给每一参与方。STP 收到的来自参与方的信息是被加密过或者被混淆处理过的。因此各方的原始数据并不会暴露给彼此，并且各参与方只会收到与其拥有的特征相关的模型参数。

关于 VFL 系统的安全定义，假设一个 VFL 系统中存在诚实但好奇的参与方。例如，在一个两方场景中，双方不会共谋且最多有一个参与方被敌对方破坏。安全定义是指敌对方只能从其破坏的参与方拥有的数据上进行学习，而不能访问到其他参与方的数据。为了使两方之间的安全计算更加便利，有时会加入一个 STP，并假设该STP 不会与任一方共谋。MPC 提供了这些协议的正式隐私证明[91]。在学习过程的最后，每一个参与方只会拥有与自己的特征相关的模型参数，因此在推理过程中，两方也需要协作地生成输出结果。

5.2 纵向联邦学习的架构

为了易于描述，我们用一个例子来说明 VFL 的架构。假设有两家公司 A 和 B 想要协同地训练一个机器学习模型。每一家公司都拥有各自的数据，此外 B 方还拥有进行模型预测任务所需的标注数据。由于用户隐私和数据安全的原因，A 方和 B 方不能直接交换数据。为了保证训练过程中的数据保密性，加入了一个第三方的协调者 C。在这里，我们假设 C 方是诚实的且不与 A 方或 B 方共谋，但 A 方和 B 方都是诚实但好奇的。被信任的第三方 C 是一个合理的假设，因为 C 方的角色可以由权威机关（如政府）扮演或由安全计算节点代替，如 Intel Software Guard

Extensions [247]。纵向联邦学习的一个例子已在图 5–1(a) 中展示[1, 17]。VFL 系统的训练过程一般由两部分组成：首先对齐具有相同 ID，但分布于不同参与方的实体；然后基于这些已对齐的实体执行加密的（或隐私保护的）模型训练。

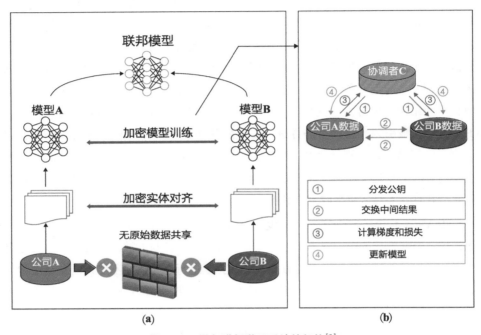

图 5–1　纵向联邦学习系统的架构[1]

1. 第一部分：加密实体对齐

由于 A 方和 B 方公司的用户群体不同，系统使用一种基于加密的用户 ID 对齐技术，例如文献[248, 249]所描述的，来确保 A 方和 B 方不需要暴露各自的原始数据便可以对齐共同用户。在实体对齐期间，系统不会将属于某一家公司的用户暴露出来，如图 5–2 所示。

2. 第二部分：加密模型训练

在确定共有实体后，各方可以使用这些共有实体的数据来协同地训练一个机器学习模型。训练过程可以被分为以下四个步骤，如图 5–1(b) 所示。

● 步骤 1 协调者 C 创建密钥对，并将公共密钥发送给 A 方和 B 方。

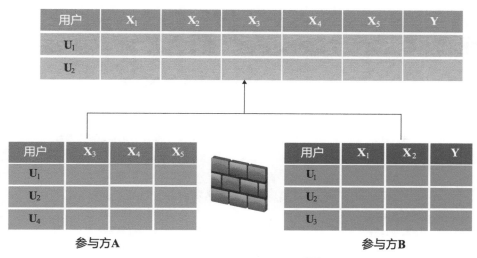

图 5-2　加密实体对齐图解[55]

步骤 2 A 方和 B 方对中间结果进行加密和交换。中间结果用来帮助计算梯度和损失值。

步骤 3 A 方和 B 方计算加密梯度并分别加入附加掩码（additional mask）。B 方还会计算加密损失。A 方和 B 方将加密的结果发送给 C 方。

步骤 4 C 方对梯度和损失信息进行解密，并将结果发送回 A 方和 B 方。A 方和 B 方解除梯度信息上的掩码，并根据这些梯度信息来更新模型参数。

5.3　纵向联邦学习算法

本节将详细描述两种纵向联邦学习算法，帮助读者更好地理解 VFL 是如何工作的。

5.3.1　安全联邦线性回归

第一种算法是安全联邦线性回归[1]。这种算法利用同态加密方法，在联邦线性回归模型的训练过程中保护属于每一个参与方的本地数据。为便于参考，本节所使用的符号及其含义已在表 5-1 中进行了总结。

为了使用梯度下降方法训练一个线性回归模型，我们需要一种安全的方法来计算

表 5-1 符号表

符号	含义
η	学习率
λ	正则化参数
y_i	B 方的标签空间
x_i^A, x_i^B	分别表示 A 方和 B 方的特征空间
Θ_A, Θ_B	分别表示 A 方和 B 方的本地模型参数
u_i^A	定义为 $u_i^A = \Theta_A x_i^A$
u_i^B	定义为 $u_i^B = \Theta_B x_i^B$
$[[d_i]]$	定义为 $[[d_i]] = [[u_i^A]] + [[u_i^B - y_i]]$
$\{x_i^A\}_{i \in \mathcal{D}_A}$	A 方的本地数据集
$\{x_i^B, y_i\}_{i \in \mathcal{D}_B}$	B 方的本地数据集和标记
$[[\cdot]]$	加法同态加密 (AHE)
R_A, R_B	分别表示 A 方和 B 方的随机掩码

模型损失和梯度。给定学习率 η、正则化参数 λ，数据集 $\{x_i^A\}_{i \in \mathcal{D}_A}$、$\{x_i^B, y_i\}_{i \in \mathcal{D}_B}$，分别与其特征空间 x_i^A、x_i^B 相关的模型参数 Θ_A、Θ_B，则训练目标可以表示为：

$$\min_{\Theta_A, \Theta_B} \sum_i ||\Theta_A x_i^A + \Theta_B x_i^B - y_i||^2 + \frac{\lambda}{2}(||\Theta_A||^2 + ||\Theta_B||^2). \tag{5-2}$$

设 $u_i^A = \Theta_A x_i^A$，$u_i^B = \Theta_B x_i^B$，加密损失为：

$$[[\mathcal{L}]] = [[\sum_i ((u_i^A + u_i^B - y_i))^2 + \frac{\lambda}{2}(||\Theta_A||^2 + ||\Theta_B||^2)]]. \tag{5-3}$$

其中，加法同态加密操作表示为：$[[\cdot]]$。设 $[[\mathcal{L}_A]] = [[\sum_i (u_i^A)^2 + \frac{\lambda}{2}||\Theta_A||^2]]$，$[[\mathcal{L}_B]] = [[\sum_i (u_i^B - y_i)^2 + \frac{\lambda}{2}||\Theta_B||^2]]$，且 $[[\mathcal{L}_{AB}]] = 2\sum_i [[u_i^A(u_i^B - y_i)]]$，则有

$$[[\mathcal{L}]] = [[\mathcal{L}_A]] + [[\mathcal{L}_B]] + [[\mathcal{L}_{AB}]]. \tag{5-4}$$

类似地，设 $[[d_i]] = [[u_i^A]] + [[u_i^B - y_i]]$。之后，关于训练参数的损失函数的梯度可以表示为：

$$[[\frac{\partial \mathcal{L}}{\partial \Theta_A}]] = 2\sum_i [[d_i]]x_i^A + [[\lambda\Theta_A]], \tag{5-5}$$

$$[[\frac{\partial \mathcal{L}}{\partial \Theta_B}]] = 2\sum_i [[d_i]]x_i^B + [[\lambda\Theta_B]]. \tag{5-6}$$

注意到 A 方和 B 方使用各自的本地数据来计算 u_i^A 和 u_i^B。然而，d_i 中包含了 u_i^A 和 $u_i^B - y_i$，因此它不能由任何一方来单独计算。因此，A 方和 B 方应该协同地计算 d_i，同时需要针对其他参与方保护 u_i^A 和 $u_i^B - y_i$ 的隐私安全。在同态加密设定里，为了分别防止 A 方和 B 方对 $u_i^B - y_i$ 和 u_i^A 进行窥视，$u_i^B - y_i$ 和 u_i^A 将会通过由一个第三方 C 拥有的公共密钥来加密。在这个过程中，C 方主要负责对从 A 方和 B 方收到的加密信息进行解密，并且协调训练过程和评估过程。

在实际情况中，将一个第三方加入此过程中并不总是可行的，因为第三方的合法性和可问责性难以得到保障。安全多方计算技术，例如秘密共享，可以用于移除第三方和使联邦学习去中心化。我们推荐读者阅读文献[32]以获取更多信息。在这里，我们将延用存在第三方的架构。

1. 安全联邦线性回归模型的训练过程

我们在表 5-2 中总结了安全联邦线性回归模型的训练步骤。在实体对齐和模型训练期间，A 方和 B 方所拥有的数据存储在本地，并且模型训练中的交互不会导致数据隐私泄露。需要注意的是，由于 C 方是受信任的，所以 C 方的潜在信息泄露可能会或可能不会被认为是隐私侵犯。为了进一步防止 C 方从 A 方或 B 方学习到相关信息，A 方和 B 方可以将它们的梯度信息加上加密随机掩码。

表 5-2　安全联邦线性回归模型的训练步骤

步骤	A 方	B 方	C 方
步骤 1	初始化 Θ_A	初始化 Θ_B	创建加密密钥对，并将公共密钥发送给 A 方和 B 方
步骤 2	计算 $[[u_i^A]]$ 和 $[[\mathcal{L}_A]]$，并将其发送给 B 方	计算 $[[u_i^B]]$、$[[d_i]]$ 和 $[[\mathcal{L}]]$，并将 $[[d_i]]$ 发送给 A 方，将 $[[\mathcal{L}]]$ 发送给 C 方	
步骤 3	初始化 R_A，计算 $[[\frac{\partial \mathcal{L}}{\partial \Theta_A}]] + [[R_A]]$，并将其发送给 C 方	初始化 R_B，计算 $[[\frac{\partial \mathcal{L}}{\partial \Theta_B}]] + [[R_B]]$，并将其发送给 C 方	解密 $[[\mathcal{L}]]$、$[[\frac{\partial \mathcal{L}}{\partial \Theta_A}]] + [[R_A]]$ 及 $[[\frac{\partial \mathcal{L}}{\partial \Theta_B}]] + [[R_B]]$，将 $\frac{\partial \mathcal{L}}{\partial \Theta_A} + R_A$ 发送给 A 方，将 $\frac{\partial \mathcal{L}}{\partial \Theta_B} + R_B$ 发送给 B 方
步骤 4	更新 Θ_A	更新 Θ_B	
获得的内容	Θ_A	Θ_B	

表 5-2 展示的训练协议不会向 C 方暴露任何信息，因为 C 方能得到的所有信息只有掩藏过（即通过随机掩码处理过）的梯度，而掩藏矩阵的随机性和保密性是

有保证的[205]。在上述协议中，A 方在每一步都会学习它的梯度。但根据式(5-5)可知，这对于 A 方来说并不足以学习到关于 B 方的任何信息，因为标量积协议（scalar product protocol）的安全性建立在仅用 n 个方程无法解出 n 个以上的未知数的基础上[205, 250]。这里，我们假设样本数量 N_A 远大于特征数量 n_A。类似地，B 方也不能学习到关于 A 方的任何信息。由此可以证明该协议的安全性。

需要注意的是，我们假设每一方都是半诚实的。如果某一方是恶意的并通过对系统输入作假从而欺骗系统，例如 A 方只需提交一个只具有一个非零特征的非零样本，便能得到关于该样本的该特征所对应的 u_i^B 的值。不过，A 方仍然不能获知 x_i^B 或 Θ_B 的值，并且这种偏差将会影响下一次迭代的结果，从而警告另一方，后者可以终止学习过程作为响应。当训练结束时，每一方对其他方的数据结构依旧未知，并只能获得和自己拥有的特征相关的模型参数。

在不受隐私约束的情况下，与用集中在一个地方的数据构建模型时所计算得到的损失和梯度相比，表 5-2 的训练过程计算得到的损失和梯度完全相同（在相同的训练设定下），因此这种协作训练所得到的模型是无损的，并且最佳性能也是有保证的。

模型的效率依赖于通信开销和给数据加密所需的计算开销。在每一轮迭代中，A 方和 B 方之间发送的信息量随着重叠样本数量的增长而增加。该算法的效率能够通过使用分布式并行计算技术来进一步改善。

2. 安全联邦线性回归模型的预测过程

在预测期间，两方需要协作地计算预测结果，表 5-3 对其预测的步骤进行了总结。在预测过程中，属于每一方的数据不会暴露给其他方。

表 5-3 安全联邦线性回归模型的预测步骤

步骤	A 方	B 方	C 方
步骤 1			将用户 ID i 发送给 A 方和 B 方
步骤 2	计算 u_i^A 并将其发送给 C 方	计算 u_i^B 并将其发送给 C 方	计算 $u_i^A + u_i^B$ 的结果

5.3.2 安全联邦提升树

第二个例子是安全联邦提升树（Secure federated tree-boosting，SecureBoost），文献[55]率先在 VFL 的设定下对 SecureBoost 进行了研究。研究证明了 SecureBoost

与需要将数据收集于一处的非联邦梯度提升树算法具有相同的精确度。换句话说，SecureBoost 可与不具有隐私保护功能的且在非联邦设定下的相同算法提供相同的精确度。需要注意的是，文献[55]定义的**主动方**（active party）不仅是数据提供方，同时拥有样本特征和样本标签，此外还扮演着协调者的角色，计算每个树节点的最佳分割。而文献[55]定义的**被动方**（passive party）只是数据提供者，只提供样本特征，没有样本标签。因此，被动方需要和主动方共同地建构模型来预测标签。

1. 安全的样本对齐

类似于 5.3.1 节的联邦安全线性回归，SecureBoost 包含两个主要步骤。首先，在隐私保护下对参与方之间具有不同特征的重叠用户进行样本对齐。然后，所有参与方通过隐私保护协议共同地学习一个共享的梯度提升树模型。

SecureBoost 框架的第一步是实体对齐，即在所有参与方中寻找数据样本的公共集合（如共同用户），共同用户可以通过用户 ID 被识别出来。特别地，我们可以通过基于加密的数据库交集算法对样本进行对齐[248]。

2. XGBoost 回顾

在完成数据对齐后，我们现在探讨在不违反隐私保护规定的前提下，参与方协同建立决策树集成模型（tree ensemble model）的问题。为了达到这一目标，我们首先需要解答三个关键问题：

- 被动方如何在不知道类标签的情况下，基于自己的本地数据计算更新的模型？
- 主动方如何高效率地集合所有的已更新模型并获得一个新的全局模型？
- 在推理过程中，如何在所有参与方之间共享已更新的全局模型，而不会泄露任何隐私信息？

为了帮助解答这些问题，我们首先对非联邦设定下的决策树集成算法 XG-Boost[251] 进行一些简单的回顾。

给定一个拥有 n 个样本和 d 个特征的数据集 $\mathcal{D} = \{(x_i, y_i)\}$，其中 $|\mathcal{D}| = n, x_i \in \mathbb{R}^d, y_i \in \mathbb{R}$。XGBoost 通过使用 K 个决策树 $f_k, k = 1, 2, \cdots, K$ 的集成来预测输出。

$$\hat{y}_i = \sum_{k=1}^{K} f_k(x_i), \forall x_i \in \mathbb{R}^d, i = 1, 2, \cdots, n. \tag{5-7}$$

决策树集成模型的学习是通过寻找一组最佳的决策树以达到较小的分类损失，并且具有较低的模型复杂度。在梯度提升树中，这个目的是通过迭代优化真实标签和预测标签的损失（例如损失的平方或损失函数的泰勒近似）来达到的。在每一次迭代中，我们尝试添加一棵新的树，以尽可能地减小损失，同时不会引入过多的复杂度。因此，第 t 轮迭代的目标函数可以写为：

$$\mathcal{L}^{(t)} \triangleq \sum_{i=1}^{n} \left[l_{\mathbf{loss}} \left(y_i, \hat{y_i}^{(t-1)} \right) + g_i f_t \left(x_i \right) + \frac{1}{2} h_i f_t^2 \left(x_i \right) \right] + \Omega(f_t), \qquad (5\text{–}8)$$

式中，$l_{\mathbf{loss}}$ 表示损失函数；$g_i = \partial_{\hat{y}^{(t-1)}} l_{\mathbf{loss}}(y_i, \hat{y}^{(t-1)})$ 和 $h_i = \partial_{\hat{y}^{(t-1)}}^2 l_{\mathbf{loss}}(y_i, \hat{y}^{(t-1)})$ 分别表示在损失函数上的一阶梯度和二阶梯度；$\Omega(f_t)$ 表示新添加的树的复杂度。这里忽略了对式(5–8)求导的数学细节。我们将详细描述在联邦训练中，主动方和被动方的交互过程，希望读者能够从整体上对算法有所理解。针对算法细节，感兴趣的读者可以参考文献[55]。

构建一棵决策树是从深度零开始，然后决定每个节点的分割，直到达到最大深度。现在的问题是，如何在树的每一层决定某一节点的最佳分割（Optimal Split）。一个"分割"的优劣是由分割带来的增益所度量的，它可以通过前面提到的 g_i 和 h_i 计算得到。计算分割分数的具体公式如下：

$$\mathcal{L}_{\mathrm{split}} = \frac{1}{2} \left[\frac{\left(\sum_{i \in I_{\mathrm{L}}} g_i \right)^2}{\sum_{i \in I_{\mathrm{L}}} h_i + \lambda} + \frac{\left(\sum_{i \in I_{\mathrm{R}}} g_i \right)^2}{\sum_{i \in I_{\mathrm{R}}} h_i + \lambda} - \frac{\left(\sum_{i \in I} g_i \right)^2}{\sum_{i \in I} h_i + \lambda} \right], \qquad (5\text{–}9)$$

式中，I_{L} 和 I_{R} 分别表示分割后左、右子节点的样本空间；λ 表示超参数。其中分数值最大的分割将被选为最佳分割。当得到了一个最佳树结构时，我们通过以下公式计算叶节点 j 的最佳权值 w^*。

$$w_j^* = -\frac{\sum_{i \in I_j} g_i}{\sum_{i \in I_j} h_i + \lambda}. \qquad (5\text{–}10)$$

式中，I_j 是叶节点 j 的样本空间。

3. SecureBoost 的训练过程

现在我们讨论 SecureBoost 的训练过程。因为 g_i 和 h_i 的计算需要类标签，所以 g_i 和 h_i 必须由主动方计算得到，因为只有主动方拥有样本的标签信息。我们将在后面的算法描述中介绍到，所有的被动方都需要对其当前节点的样本所对应的 g_i 和 h_i

进行聚合 (算法 5-1)。因此，所有被动方需要知道 g_i 和 h_i。为了保证 g_i 和 h_i 的隐私性，主动方在将 g_i 和 h_i 发送给被动方之前，对梯度进行了加法同态加密[121] 操作。需要注意的是，由于算法采用加法同态加密，被动方将不能在 g_i 和 h_i 加密的情况下计算式(5-9)。因此，分割的评估将由主动方执行。

算法5-1　聚合梯度统计值[55]

输入：　I，当前节点的样本空间；

输入：　d，特征维度；

输入：　$\{[[g_i]], [[h_i]]\}_{i \in I}$。

输出：　$G \in \mathbb{R}^{d \times l}$, $H \in \mathbb{R}^{d \times l}$

1: **for** $k = 0 \rightarrow d$ **do**

2:　　通过特征 k 的百分位数，得到 $S_k = \{s_{k1}, s_{k2}, ..., s_{kl}\}$

3: **end for**

4: **for** $k = 0 \rightarrow d$ **do**

5:　　$G_{k,v} = \sum_{i \in \{i | s_{k,v} \geqslant x_{i,k} > s_{k,v-1}\}} [[g_i]]$

6:　　$H_{k,v} = \sum_{i \in \{i | s_{k,v} \geqslant x_{i,k} > s_{k,v-1}\}} [[h_i]]$

7: **end for**

由算法 5-1 得知，每一个被动方首先要对其所有的特征进行分桶，然后将每个特征的特征值映射至每个桶（buckets）中。基于分桶后的特征值，被动方将聚合相应的加密梯度统计信息。通过这种方法，主动方只需要从所有被动方处收集聚合的加密梯度统计信息。从而主动方可以更高效地确定全局最优分割，如算法 5-2 所示。全局最优分割可以表示为 [参与方 id (i)，特征 id (k_{opt})，阈值 id (v_{opt})]。

在主动方得到全局最优分割之后，将特征 id(k_{opt}) 和阈值 id(v_{opt}) 返回给相应的被动方 i。被动方 i 基于 k_{opt} 和 v_{opt} 的值决定选中特征的阈值。然后，被动方 i 根据选中特征的阈值对当前样本空间进行划分。此外，被动方 i 会在本地建立一个查找表（lookup table），记录选中特征的阈值。该查找表可以表示为 [记录 id，特征，阈值]。此后，被动方 i 将记录 id 和划分后节点左侧的样本空间 (I_{L}) 发送给主动方。主动方将会根据收到的样本空间 I_{L} 对当前节点进行分割，并将当前节点与 [参与方 id，记录 id] 关联。算法将继续对树进行划分，直到达到停止条件或最大深度。最终主动方知道整个树的结构。

以下步骤总结了 SecureBoost 算法中一棵树的训练过程。

算法 5-2   寻找最优分割 [55]

输入： I，当前节点的样本空间；

输入： $\{G^i, H^i\}_{i=1}^m$，从 m 位参与方得到的聚合加密梯度统计；

输出： 根据选中特征的阈值对当前样本空间的划分。

1: **主动方执行：**
2: $g \leftarrow \sum_{i \in I} g_i, h \leftarrow \sum_{i \in I} h_i$
3: //遍历所有参与方
4: **for** $i = 0 \rightarrow m$ **do**
5:     //遍历参与方 i 的所有特征
6:     **for** $k = 0 \rightarrow d_i$ **do**
7:         $g_l \leftarrow 0, h_l \leftarrow 0$
         //遍历特征 k 的所有阈值
8:         **for** $v = 0 \rightarrow l_k$ **do**
9:             得到解密值 $D(G_{k,v}^i)$ 和 $D(H_{k,v}^i)$
10:            $g_l \leftarrow g_l + D(G_{k,v}^i), h_l \leftarrow h_l + D(H_{k,v}^i)$
11:            $g_r \leftarrow g - g_l, h_r \leftarrow h - h_l$
12:            score $\leftarrow$ **max**(score, $\frac{g_l^2}{h_l + \lambda} + \frac{g_r^2}{h_r + \lambda} - \frac{g^2}{h + \lambda}$)
13:        **end for**
14:    **end for**
15: **end for**
16: 当得到最大分数时，给相应的被动方 i 返回 k_{opt} 和 v_{opt} 。
17: **被动方 i 执行：**
18: 根据 k_{opt} 和 v_{opt} 确定选中特征的阈值，并划分当前样本空间。
19: 在查找表中记录选中特征的阈值并将记录 id 和 I_L 返回给主动方。
20: **主动方执行：**
21: 根据 I_L 对当前节点进行分割，并将当前节点与 [参与方 id, 记录 id] 关联。

● 步骤 1 从主动方开始，首先计算 g_i 和 h_i，$i \in \{1, \cdots, N\}$，并使用加法同态加密对其进行加密。其中 N 为样本个数。主动方将加密的 g_i 和 h_i，$i \in \{1, \cdots, N\}$ 发送给所有的被动方。

● 步骤 2 对于每一个被动方，根据算法 5-1 将当前节点样本空间中样本的特征映射至桶中，并以此为基础将加密梯度统计信息聚合起来，将结果发送给主动方。

● 步骤 3 主动方对各被动方聚合的梯度信息进行解密，并根据算法 5-2 确定全局最优分割，并将 k_{opt} 和 v_{opt} 返回给相应的被动方。

● 步骤 4 被动方根据从主动方发送的 k_{opt} 和 v_{opt} 确定特征的阈值,并对当前的样本空间进行划分。然后,该被动方在查找表中记录选中特征的阈值,形成记录 [记录 id,特征,阈值],并将记录 id 和 I_L 返给给主动方。

● 步骤 5 主动方将会根据收到的 [记录 id, I_L] 对当前节点进行划分,并将当前节点与 [参与方 id,记录 id] 关联。主动方将当前节点的划分信息与所有被动方同步,并进入对下一节点的分割。

● 步骤 6 迭代步骤 2~5,直至达到训练停止条件。

当我们完成当前树的构建时,可以通过式(5-10)计算每个叶节点的最佳权值。然后,我们根据需求继续构建其他的决策树。

4. SecureBoost 的预测过程

下面将描述怎样使用已经训练好的模型(分散于各个参与方),对新的样本或未标注的样本进行分类。新样本的特征也分散于各个参与方中,并且不能对外公开。每个参与方知道自己的特征,但是对其他参与方的特征一无所知。因此,分类过程需要在隐私保护的协议下,由各参与方协调进行。分类过程从主动方的 root 节点开始。

● 步骤 1 主动方查询与当前节点相关联的 [参与方 id,记录 id] 记录。基于该记录,主动方向相应参与方发送待标注样本的 id 和记录 id,并且询问下一步的树搜索方向(即向左子节点或右子节点)。

● 步骤 2 被动方接收到待标注样本的 id 和记录 id 后,将待标注样本中相应特征的值与本地查找表中的记录 [记录 id,特征,阈值] 中的阈值进行比较,得出下一步的树搜索方向。然后,该被动方将搜索决定发往主动方。

● 步骤 3 主动方接收到被动方传来的搜索决定,前往相应的子节点。

● 步骤 4 迭代步骤 1~3,直至到达一个叶节点得到分类标签以及该标签的权值。

我们重复这一过程遍历所有的决策树,最终通过对从所有决策树得到的类标签进行加权求和,得到最终的类标签。

5.4 挑战与展望

纵向联邦学习能够利用样本分散于多个参与方的多样化特征来建立一个健壮的共享模型。但与横向联邦学习中所有参与方共享一个共有模型不同,在纵向联邦学习体系中，每个参与方都拥有与其特征相关联的共享模型中的一部分。因此，纵向联邦学习中各参与方彼此间有更紧密的共生关系。对于分散在参与方的模型各部分的训练，也通常需要按照纵向联邦学习算法所给出的特定计算顺序来执行。换言之，参与方之间的计算具有依赖关系，从而需要频繁地互动以交换模型训练中间结果。

因此，纵向联邦学习的训练很容易受到通信故障的影响，从而需要可靠并且高效的通信机制。在物理距离比较长的参与方之间传输模型训练中间结果是比较耗时的。长时间的数据传输会降低计算资源利用的效率，因为参与方必须等待必要的训练中间结果才能开始或继续本方的训练。为了解决这个问题，我们可能需要设计一种流式的通信机制，可以高效地安排每个参与方进行训练和通信的时机，以抵消数据传输的延迟。同时，对于能够容忍在纵向联邦学习过程中发生崩溃的容错机制，也是我们实现纵向联邦学习系统所必须考虑的细节。

目前，大部分防止信息泄露或者对抗恶意攻击的研究都是针对横向联邦学习的场景。由于纵向联邦学习通常需要参与方之间进行更紧密和直接的交互，因此需要灵活高效的安全协议，以满足每一方的安全需求。之前的研究工作[252, 253] 已经证明，只有具备针对性的安全工具，才能让不同的计算种类达到最优效果，例如混淆电路可以高效地进行比较计算，而秘密共享和同态加密可以提供高效的算术运算。我们可能需要探索一种在安全技术上的混合策略，为模型计算的每一个环节实现局部的最优性能。此外，高效的基于隐私保护的实体对齐技术也是一个值得探索的方向，因为它是纵向联邦学习中必不可少的一环。

CHAPTER 6

联邦迁移学习

我们分别在第 4 章和第 5 章讨论了横向联邦学习（HFL）和纵向联邦学习（VFL）。横向联邦学习要求所有参与方的样本具有相同的特征空间，而纵向联邦学习需要各参与方具有相同的样本空间和不同的特征空间。然而在实践中，我们经常会面临的情况是，各参与方间并没有足够的共同特征或样本。在这种情况下，通过迁移学习（Transfer Learning, TL) 技术，我们仍然可以建立一个拥有良好性能的联邦学习模型。我们将这种结合称为联邦迁移学习（Federated Transfer Learning，FTL）。本章将提供关于联邦迁移学习的正式定义，并讨论联邦迁移学习和传统迁移学习之间的区别。之后，将介绍在文献[56]中提出的一种安全联邦迁移学习框架，并总结目前该领域面临的挑战和亟待解决的问题。

6.1　异构联邦学习

　　横向联邦学习和纵向联邦学习要求所有的参与方具有相同的特征空间或样本空间，从而建立起一个有效的共享机器学习模型。然而，在更多的实际情况下，各个参与方所拥有的数据集可能存在高度的差异：

- 参与方的数据集之间可能只有少量的重叠样本和特征。
- 这些数据集的分布情况可能差别很大。
- 这些数据集的规模可能差异巨大。
- 某些参与方可能只有数据，没有或只有很少的标注数据。

　　为了解决这些问题，联邦学习可以结合迁移学习技术[254]，使其可以应用于更广的业务范围，同时可以帮助只有少量数据（较少重叠的样本和特征）和弱监督（较少标记）的应用建立有效且精确的机器学习模型，并且遵守数据隐私和安全条例的规定[1, 17]。我们将这种组合称为联邦迁移学习，它可以处理超出现有横向联邦学习和纵向联邦学习能力范围的问题。

6.2　联邦迁移学习的分类与定义

　　迁移学习是一种为跨领域知识迁移提供解决方案的学习技术。在许多应用中，我们只有小规模的标注数据或者较弱的监督能力，这导致可靠的机器学习模型并不能被建立起来[254, 255]。在这些情况下，我们仍然可以通过利用和调适相似任务或相似领域中的模型，建立高性能的机器学习模型。近年来，从图像分类[256]、自然语言理解到情感分析[257, 258]，越来越多的研究将迁移学习应用于各种各样的领域中。迁移学习的性能依赖于领域之间的相关程度，目前人们提出了许多用来测量领域相似度的理论模型。

　　迁移学习的本质是发现资源丰富的源域 (source domain) 和资源稀缺的目标域 (target domain) 之间的不变性（或相似性），并利用该不变性在两个领域之间传输知识。基于执行迁移学习的方法，文献[254]将迁移学习主要分为三类：基于实例的迁移、基于特征的迁移和基于模型的迁移。联邦迁移学习将传统的迁移学习扩展到了面向隐私保护的分布式机器学习范式中。在这里，我们概要地描述如何将这三类迁移学习技术分别应用于横向联邦学习和纵向联邦学习。

1. 基于实例的联邦迁移学习

对于横向联邦学习，参与方的数据通常来自不同的分布，这可能会导致在这些数据上训练的机器学习模型的性能较差。参与方可以有选择地挑选或者加权训练样本，以减小分布差异，从而可以将目标损失函数最小化。对于纵向联邦学习，参与方可能具有非常不同的业务目标。因此，对齐的样本及其某些特征可能对联邦迁移学习产生负面影响，这被称为负迁移[254]。在这种情况下，参与方可以有选择地挑选用于训练的特征和样本，以避免产生负迁移。

2. 基于特征的联邦迁移学习

参与方协同学习一个共同的表征（representation）空间。在该空间中，可以缓解从原始数据转换而来的表征之间的分布和语义差异，从而使知识可以在不同领域之间传递。对于横向联邦学习，可以通过最小化参与方样本之间的最大平均差异（Maximum Mean Discrepancy，MMD）[254] 来学习共同的表征空间。对于纵向联邦学习，可以通过最小化对齐样本中属于不同参与方的表征之间的距离，来学习共同的表征空间。

3. 基于模型的联邦迁移学习

参与方协同学习可以用于迁移学习的共享模型，或者参与方利用预训练模型作为联邦学习任务的全部或者部分初始模型。横向联邦学习本身就是一种基于模型的联邦迁移学习。因为在每个通信回合中，各参与方会协同训练一个全局模型 (基于所有数据)，并且各参与方把该全局模型作为初始模型进行微调（基于本地数据）[12]。对于纵向联邦学习，可以从对齐的样本中学习预测模型或者利用半监督学习技术，以推断缺失的特征和标签（即图 1–4 中的空白）。然后，可以使用扩大的训练样本训练更准确的共享模型。

联邦迁移学习旨在为以下场景提供解决方案：

$$\mathcal{X}_i \neq \mathcal{X}_j, \quad \mathcal{Y}_i \neq \mathcal{Y}_j, \quad \mathcal{I}_i \neq \mathcal{I}_j, \quad \forall \mathcal{D}_i, \mathcal{D}_j, i \neq j, \tag{6-1}$$

式中，$\mathcal{X}_i$ 和 $\mathcal{Y}_i$ 分别表示第 i 方的特征空间和标签空间；$\mathcal{I}_i$ 表示样本空间；$\mathcal{D}_i$ 表示第 i 方拥有的数据集[1]。最终目标是尽可能准确地对目标域中的样本进行标签预测（或回归预测）。

在 6.3 节中，我们将会介绍一种在文献[56]中提出的安全的、基于特征的联邦迁移学习框架，其能够利用源域的知识帮助预测目标域的标签。

从技术角度来看，联邦迁移学习和传统的迁移学习主要有以下两方面的不同：

- 联邦迁移学习基于分布在多方的数据来建立模型，并且每一方的数据不能集中到一起或公开给其他方。传统迁移学习没有这样的限制。

- 联邦迁移学习要求对用户隐私和数据（甚至模型）安全进行保护，这在传统迁移学习中并不是一个主要关注点。

联邦迁移学习将传统迁移学习带到基于面向隐私保护的分布式机器学习范式中。因此，下面对一个联邦迁移学习系统所必须保证的安全性进行了定义。

定义 6–1 （联邦迁移学习系统的安全定义）。一个联邦迁移学习系统一般包括两方，称为源域和目标域。一个多方的联邦迁移学习系统可以被认为是多个两方联邦迁移学习系统的结合。联邦迁移学习假设每一方都是诚实但好奇（honest-but-curious）的。这意味着，联邦中的所有方都遵守联邦的协议和规则，但他们会尝试从收到的数据中推测出尽量多的信息。考虑一个有半诚实敌对方的威胁模型，该敌对方最多可以破坏联邦迁移学习系统中的一方。对于一个表示为 $(O_A, O_B) = P(I_A, I_B)$ 的协议 P，其中 O_A 和 O_B 分别是 A 方和 B 方的输出，I_A 和 I_B 分别是它们的输入，如果存在无穷多个 (I_B', O_B') 对，使得 $(O_A, O_B') = P(I_A, I_B')$，则 P 对 A 方是安全的。

上述联邦迁移学习系统的安全定义已经用于文献[205]。相比完全零知识安全的情况，它提供了一种切实可行的控制信息泄露的解决方案。

6.3 联邦迁移学习框架

在本节中，我们介绍由刘洋等人[56] 提出的一种安全的、基于特征的联邦迁移学习框架。图 6–1 描述了该联邦迁移学习框架的数据视图。简单地说，该框架通过对齐样本的表征训练得到一个预测模型。该预测模型被用来预测 B 方中未标记样本的标签。

考虑一个属于源域的 A 方有数据集 $\mathcal{D}_A := \{(x_i^A, y_i^A)\}_{i=1}^{N_A}$，其中 $x_i^A \in R^a$ 且 $y_i^A \in \{+1, -1\}$ 是第 i 个标签。一个属于目标域的 B 方有数据集 $\mathcal{D}_B := \{x_j^B\}_{j=1}^{N_B}$，其中 $x_j^B \in R^a$。$\mathcal{D}_A$，$\mathcal{D}_B$ 分别由 A 方和 B 方拥有，且不能暴露给对方。我们还假设存

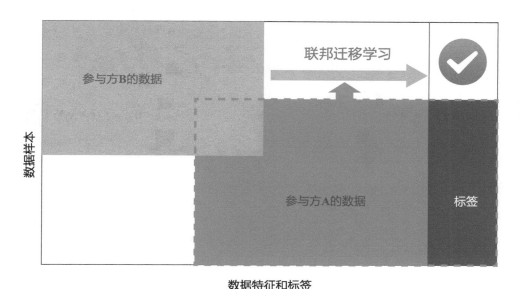

图 6-1　基于特征的联邦迁移学习框架的数据视图[1]。

在一个大小有限的重叠样本集 $\mathcal{D}_{\mathrm{AB}} := \{(x_i^{\mathrm{A}}, x_i^{\mathrm{B}})\}_{i=1}^{N_{\mathrm{AB}}}$，以及一个位于 A 方但针对 B 方数据的标签集合：$\mathcal{D}_c := \{(x_i^{\mathrm{B}}, y_i^{\mathrm{A}})\}_{i=1}^{N_c}$，其中 N_c 是标签的数量。

不失一般性，我们假设所有的标签都在 A 方，但这里的所有描述也可适用于标签位于 B 方的情况。我们可以使用基于加密（如 RSA）的掩码技术，在保护隐私的同时，匹配 A 方和 B 方之间具有相同 ID 的样本。在这里，我们假设 A 方和 B 方已经找到或者已经提前知道它们的重叠样本 ID。在上述设置下，最终目标是双方协作地建立一个迁移学习模型，在不向对方公开数据的情况下，尽可能准确地为目标域中的 B 方预测标签。

近年来，深度神经网络已被广泛用于迁移学习中，以寻找隐式的迁移机制[259]。在这里，我们对一般场景进行探索，即 A 方和 B 方的隐藏表征是由两个神经网络 $u_i^{\mathrm{A}} = \mathrm{Net}^{\mathrm{A}}(x_i^{\mathrm{A}})$ 与 $u_i^{\mathrm{B}} = \mathrm{Net}^{\mathrm{B}}(x_i^{\mathrm{B}})$ 生成的，其中 $u^{\mathrm{A}} \in \mathbb{R}^{N_{\mathrm{A}} \times d}$ 且 $u^{\mathrm{B}} \in \mathbb{R}^{N_{\mathrm{B}} \times d}$，$d$ 是隐藏表征层的维度。图 6-2 给出了两个神经网络架构。

为了给目标域中的数据打上标签，一种通用的方法是引入预测函数 $\varphi(u_j^{\mathrm{B}}) = \varphi(u_1^{\mathrm{A}}, y_1^{\mathrm{A}}...u_{N_{\mathrm{A}}}^{\mathrm{A}}, y_{N_{\mathrm{A}}}^{\mathrm{A}}, u_j^{\mathrm{B}})$。例如，文献[260]使用了一个转换函数 $\varphi(u_j^{\mathrm{B}}) =$

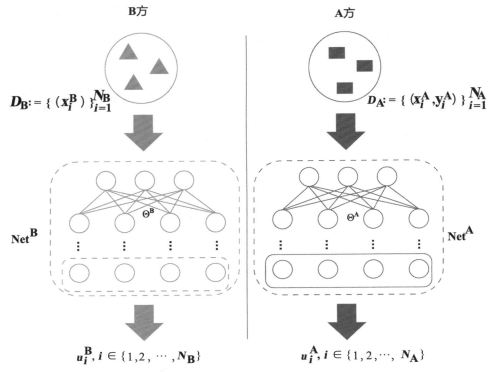

图 6–2 源域和目标域的神经网络架构

$\frac{1}{N_A}\sum_i^{N_A} y_i^A u_i^A(u_j^B)'$。我们可以使用可用的标签数据集，将训练的目标函数写为：

$$\min_{\Theta^A,\Theta^B} \mathcal{L}_1 = \sum_i^{N_c} \ell_1(y_i^A, \varphi(u_i^B)), \qquad (6\text{--}2)$$

式中，Θ^A、Θ^B 分别是 Net^A 和 Net^B 的训练参数，设 L_A、L_B 分别是 Net^A 和 Net^B 的层数，则 $\Theta^A = \{\theta_l^A\}_{l=1}^{L_A}$、$\Theta^B = \{\theta_l^B\}_{l=1}^{L_B}$，其中 θ_l^A 和 θ_l^B 表示第 l 层的训练参数；ℓ_1 表示损失函数，对于 Logistic 损失，有 $\ell_1(y, \varphi) = \log(1 + e^{-y\varphi})$。

此外，我们还希望最小化 A 方和 B 方之间的对齐损失。

$$\min_{\Theta^A,\Theta^B} \mathcal{L}_2 = \sum_i^{N_{AB}} \ell_2(u_i^A, u_i^B), \qquad (6\text{--}3)$$

式中，ℓ_2 表示对齐损失，可以表示为 $-u_i^A(u_i^B)'$ 或者 $\|u_i^A - u_i^B\|_F^2$，其中 $\|\cdot\|_F^2$ 表示

Frobenius 范数的平方。为了简便，我们假设它能以 $\ell_2(u_i^A, u_i^B) = \ell_2^A(u_i^A) + \ell_2^B(u_i^B) + \kappa u_i^A(u_i^B)'$ 的形式表示，其中 κ 为常数。

最终的目标函数是：

$$\min_{\Theta^A,\Theta^B} \mathcal{L} = \mathcal{L}_1 + \gamma\mathcal{L}_2 + \frac{\lambda}{2}(\mathcal{L}_3^A + \mathcal{L}_3^B), \tag{6-4}$$

式中，γ 和 λ 是权重参数，且 $\mathcal{L}_3^A = \sum_l^{L^A} \|\theta_l^A\|_F^2$ 和 $\mathcal{L}_3^B = \sum_l^{L^B} \|\theta_l^B\|_F^2$ 是正则化参数。

下一步是通过反向传播获得更新 Θ^A、Θ^B 的梯度。对于 $p \in \{A,B\}$，我们有

$$\frac{\partial\mathcal{L}}{\partial\theta_l^p} = \frac{\partial\mathcal{L}_1}{\partial\theta_l^p} + \gamma\frac{\partial\mathcal{L}_2}{\partial\theta_l^p} + \lambda\theta_l^p. \tag{6-5}$$

在 A 方和 B 方不应暴露它们的原始数据的情况下，需要用隐私保护方法来计算式(6–4)中的损失和式(6–5)中的梯度。我们将概要地描述两种用于计算式(6–4)和式(6–5)的安全联邦迁移学习方法。一种基于同态加密[125]，另一种基于秘密共享。在这两种方法中，我们都采用二阶泰勒近似来计算式(6–4)和式(6–5)。

6.3.1 加法同态加密

加法同态加密（AHE）[125]和多项式近似已被广泛用于面向隐私保护的机器学习中。关于采用这些近似方法在效率和隐私之间的权衡已在文献[35, 197, 261]中得到了详细讨论。通过使用式(6–4) 和式(6–5)，以及加法同态加密 (表示为 $[[\cdot]]$，见 2.4.2节)，我们可以得到两个领域的隐私保护损失函数以及相应的梯度的计算表示：

$$[[\mathcal{L}]]_p = [[\mathcal{L}_1]]_p + [[\gamma\mathcal{L}_2]]_p + [[\frac{\lambda}{2}(\mathcal{L}_3^A + \mathcal{L}_3^B)]]_p, \tag{6-6}$$

$$[[\frac{\partial\mathcal{L}}{\partial\theta_l^B}]]_p = [[\frac{\partial\mathcal{L}_1}{\partial\theta_l^B}]]_p + [[\gamma\frac{\partial\mathcal{L}_2}{\partial\theta_l^B}]]_p + [[\lambda\theta_l^B]]_p, \tag{6-7}$$

$$[[\frac{\partial\mathcal{L}}{\partial\theta_l^A}]]_p = [[\frac{\partial\mathcal{L}_1}{\partial\theta_l^A}]]_p + [[\gamma\frac{\partial\mathcal{L}_2}{\partial\theta_l^A}]]_p + [[\lambda\theta_l^A]]_p. \tag{6-8}$$

设 $[[\cdot]]_p$，$p \in \{A,B\}$ 为来自 p 方的带有公共密钥的同态加密运算符。设 $[[(\frac{\partial\mathcal{L}}{\partial\theta_l})^A]]_A$ 是由 A 方计算和加密得到的一组中间结果，用于帮助 B 方计算 $\frac{\partial\mathcal{L}}{\partial\theta_l^B}$。设 $[[(\frac{\partial\mathcal{L}}{\partial\theta_l^A})^B]]_B$ 和 $[[\mathcal{L}^B]]_B$ 是由 B 方计算和加密得到的一组中间结果，用于帮助 A 方计算 $\frac{\partial\mathcal{L}}{\partial\theta_l^A}$ 和 $\mathcal{L}$。

我们略去了计算损失和梯度的数学细节，着重描述参与方之间的协作过程。我们推荐感兴趣的读者阅读文献[56]，以获得关于安全联邦迁移学习框架的更多细节解释。

6.3.2　联邦迁移学习的训练过程

根据式(6–6)、式(6–7)和式(6–8)，现在我们设计一种联邦学习算法，来训练联邦迁移学习模型。训练过程包含以下几个步骤：

● **步骤 1** A 方和 B 方在本地运行各自的神经网络 Net$^\mathrm{A}$ 和 Net$^\mathrm{B}$，以获得数据的隐藏表征 u_i^A 和 u_i^B。

● **步骤 2** A 方计算和加密一组中间结果，设为 $[[(\frac{\partial \mathcal{L}}{\partial \theta_l})^\mathrm{A}]]_\mathrm{A}$，并将其发送给 B 方，以帮助计算梯度 $\frac{\partial \mathcal{L}}{\partial \theta_l^\mathrm{B}}$。B 方计算和加密一组中间结果，设为 $[[(\frac{\partial \mathcal{L}}{\partial \theta_l})^\mathrm{B}]]_\mathrm{B}$ 和 $[[\mathcal{L}^\mathrm{B}]]_\mathrm{B}$，并发送给 A 方，以帮助计算梯度 $\frac{\partial \mathcal{L}}{\partial \theta_l^\mathrm{A}}$ 和损失 $\mathcal{L}$。

● **步骤 3** A 方基于收到的 $[[(\frac{\partial \mathcal{L}}{\partial \theta_l^\mathrm{A}})^\mathrm{B}]]_\mathrm{B}$ 和 $[[\mathcal{L}^\mathrm{B}]]_\mathrm{B}$，通过式(6–6)和式(6–8)计算得到 $[[\frac{\partial \mathcal{L}}{\partial \theta_l^\mathrm{A}}]]_\mathrm{B}$ 和 $[[\mathcal{L}]]_\mathrm{B}$。之后 A 方创建随机掩码 m^A 并将其添加至 $[[\frac{\partial \mathcal{L}}{\partial \theta_l^\mathrm{A}}]]_\mathrm{B}$ 以得到 $[[\frac{\partial \mathcal{L}}{\partial \theta_l^\mathrm{A}} + m^\mathrm{A}]]_\mathrm{B}$。A 方向 B 方发送 $[[\frac{\partial \mathcal{L}}{\partial \theta_l^\mathrm{A}} + m^\mathrm{A}]]_\mathrm{B}$ 和 $[[\mathcal{L}]]_\mathrm{B}$。B 方基于收到的 $[[(\frac{\partial \mathcal{L}}{\partial \theta_l^\mathrm{B}})^\mathrm{A}]]_\mathrm{A}$，通过式(6–7)计算得到 $[[\frac{\partial \mathcal{L}}{\partial \theta_l^\mathrm{B}}]]_\mathrm{A}$。之后，B 方创建随机掩码 m^B 并将其添加至 $[[\frac{\partial \mathcal{L}}{\partial \theta_l^\mathrm{B}}]]_\mathrm{A}$ 以得到 $[[\frac{\partial \mathcal{L}}{\partial \theta_l^\mathrm{B}} + m^\mathrm{B}]]_\mathrm{A}$。B 方向 A 方发送 $[[\frac{\partial \mathcal{L}}{\partial \theta_l^\mathrm{B}} + m^\mathrm{B}]]_\mathrm{A}$。

● **步骤 4** A 方解密得到 $\frac{\partial \mathcal{L}}{\partial \theta_l^\mathrm{B}} + m^\mathrm{B}$，并将其发送给 B 方。B 方解密得到 $\frac{\partial \mathcal{L}}{\partial \theta_l^\mathrm{A}} + m^\mathrm{A}$ 和 $\mathcal{L}$，并将它们发回给 A 方。

● **步骤 5** A 方和 B 方去掉随机掩码并分别获得梯度 $\frac{\partial \mathcal{L}}{\partial \theta_l^\mathrm{A}}$ 和 $\frac{\partial \mathcal{L}}{\partial \theta_l^\mathrm{B}}$。之后，两方使用各自的梯度来更新各自的模型。

● **步骤 6** 一旦损失 $\mathcal{L}$ 收敛，A 方向 B 方发送终止信号。否则，前往步骤 1 以继续训练过程。

最近，有许多研究讨论了通过梯度传输而导致的间接隐私泄露的潜在风险[35, 40, 194, 203, 262]。为了防止双方知道对方的梯度信息，A 方和 B 方用加密的随机值进一步掩藏了各自的梯度，然后 A 方和 B 方交换加密的掩藏梯度和损失。在这里，加密步骤是为了防止传输过程被恶意的第三方所窃听，而掩藏步骤是为了防止 A 方和 B 方获知对方确切的梯度值。

6.3.3　联邦迁移学习的预测过程

一旦联邦迁移学习模型训练完毕，它便能用于预测 B 方中的未标注数据。对于每一未标注数据样本的预测过程，包括如下步骤：

● 步骤 1 B 方用已训练好的神经网络参数 Θ^B 计算 u_j^B，并给 A 方发送加密过的 $[[u_j^B]]$。

● 步骤 2 A 方评估 $[[u_j^B]]$ 并用随机值对结果进行掩藏，将加密和掩藏过的 $[[\varphi(u_j^B) + m^A]]_B$ 发送给 B 方。

● 步骤 3 B 方解密 $[[\varphi(u_j^B) + m^A]]_B$ 并将 $\varphi(u_j^B) + m^A$ 发送给 A 方。

● 步骤 4 A 方获得 $\varphi(u_j^B)$，进而得到标签 y_j^B，并将标签 y_j^B 发送给 B 方。

需要注意的是，在安全联邦迁移学习中，性能损失的唯一来源是最终损失函数的泰勒二级近似，而不是在神经网络中的每个非线性激活层[136]。网络内部的计算并不会受到影响，如文献[56]所述，若采用我们的方法，损失和梯度值计算中的误差以及精度的损失都会很小。因此，该方法对于神经网络结果的变化具有可扩展性和灵活性。

6.3.4　安全性分析

正如文献[56]所述，在我们的安全定义 (见定义 6–1) 下，只要底层的加法同态加密方法是安全的，则联邦迁移学习的训练过程和预测过程就都是安全的。

在训练期间，原始数据 $\mathcal{D}_A$ 和 $\mathcal{D}_B$，以及本地模型 Net^A 和 Net^B 从未公开，并且只有加密的数据隐藏表征会发生交换。在每一轮迭代中，A 方和 B 方收到的唯一未经加密的数值是模型参数的梯度信息，梯度信息由所有变量聚合得到，且会用随机数值来掩藏。在训练过程的最后，每一方（A 方或 B 方）都不会知晓另一方的数据结构，并且每一方只能获得与自己特征相关的模型参数。在推理过程中，两方都需要与对方协作才能计算出预测结果。

需要注意的是，该协议并没有处理有恶意方参与的场景。如果 A 方在其输入上作假，并只提交一个非零输入，也许可以在输入位置推断出 u_i^B 的值，但依旧不能获得 x_i^B 或 Θ_B 的信息，并且所有方都不能得到正确的结果。

6.3.5 基于秘密共享的联邦迁移学习

同态加密技术能够为多方间信息或知识的共享提供高级别的安全性，从而保护每一方的数据的隐私和模型的安全。然而，同态加密技术通常需要大量的计算资源和大规模的并行能力才能得以扩展，因此在许多需要实时计算的应用中，使用同态加密是不合适的。

相较于同态加密的另一种安全协议是秘密共享方案（secret sharing scheme）。秘密共享方案的最大优点包括：没有精度损失；相比同态加密方法，计算效率大大提高。秘密共享方法的缺点是在进行线上计算之前，必须离线生成和存储许多用于乘法计算的三元组数据。

为了帮助描述基于秘密共享的联邦迁移学习算法，这里重写了式(6-6)、式(6-7)和式(6-8)，得到：

$$\mathcal{L} = \mathcal{L}_{A} + \mathcal{L}_{B} + \mathcal{L}_{AB}, \tag{6-9}$$

$$\frac{\partial \mathcal{L}}{\partial \theta_{\ell}^{B}} = (\frac{\partial \mathcal{L}}{\partial \theta_{\ell}^{B}})_{B} + (\frac{\partial \mathcal{L}}{\partial \theta_{\ell}^{B}})_{AB}, \tag{6-10}$$

$$\frac{\partial \mathcal{L}}{\partial \theta_{l}^{A}} = (\frac{\partial \mathcal{L}}{\partial \theta_{l}^{A}})_{A} + (\frac{\partial \mathcal{L}}{\partial \theta_{l}^{A}})_{AB}. \tag{6-11}$$

式中，$\mathcal{L}_{A}$ 和 $(\frac{\partial \mathcal{L}}{\partial \theta_{l}^{A}})_{A}$ 由 A 方单独计算得到，$\mathcal{L}_{B}$ 和 $(\frac{\partial \mathcal{L}}{\partial \theta_{\ell}^{B}})_{B}$ 由 B 方单独计算得到。$\mathcal{L}_{AB}$、$(\frac{\partial \mathcal{L}}{\partial \theta_{\ell}^{B}})_{AB}$ 和 $(\frac{\partial \mathcal{L}}{\partial \theta_{l}^{A}})_{AB}$ 由 A 和 B 通过秘密共享方法协同计算得到。

这样，式(6-9)、式(6-10)和式(6-11)可以通过秘密共享协议安全地计算得到。对于基于秘密共享的联邦迁移学习的训练过程，可以总结为如下几个步骤：

步骤 1 A 方和 B 方在本地运行各自的神经网络 Net^{A} 和 Net^{B}，以获得数据的隐藏表征 u_i^{A} 和 u_i^{B}。

步骤 2 A 方和 B 方通过秘密共享协议共同地计算 $\mathcal{L}_{AB}$。A 方计算 $\mathcal{L}_{A}$ 并发送给 B 方。B 方计算 $\mathcal{L}_{B}$ 并发送给 A 方。

步骤 3 A 方和 B 方通过式(6-9)分别重构损失 $\mathcal{L}$。

步骤 4 A 方和 B 方通过秘密共享协议共同地计算 $(\frac{\partial \mathcal{L}}{\partial \theta_{l}^{A}})_{AB}$ 和 $(\frac{\partial \mathcal{L}}{\partial \theta_{\ell}^{B}})_{AB}$。

步骤 5 A 方通过 $\frac{\partial \mathcal{L}}{\partial \theta_{\ell}^{A}} = (\frac{\partial \mathcal{L}}{\partial \theta_{l}^{A}})_{A} + (\frac{\partial \mathcal{L}}{\partial \theta_{l}^{A}})_{AB}$ 计算梯度，并更新它的本地模型 θ_{ℓ}^{A}。同时，B 方通过 $\frac{\partial \mathcal{L}}{\partial \theta_{\ell}^{B}} = (\frac{\partial \mathcal{L}}{\partial \theta_{l}^{B}})_{B} + (\frac{\partial \mathcal{L}}{\partial \theta_{\ell}^{B}})_{AB}$ 计算梯度，并更新它的本地模型 θ_{ℓ}^{B}。

● 步骤 6 一旦损失 $\mathcal{L}$ 收敛，A 方给 B 方发送终止信号。否则，前往步骤 1 以继续训练过程。

在训练结束之后，我们就可以进入预测阶段。概括来讲，预测过程非常简单，包括以下两个步骤。

● 步骤 1 A 方和 B 方在本地运行已训练完毕的神经网络 Net^A 和 Net^B，以获得数据隐藏表征 u_i^A 和 u_i^B。

● 步骤 2 基于 u_i^A 和 u_i^B，A 方和 B 方共同地通过秘密共享协议重建 $\varphi(u_j^B)$ 以及计算标签 y_j^B。

需要注意的是，在训练过程和预测过程中，任何一方接收到的关于其他方的唯一私有信息只是基于秘密共享方法得到的该信息的一部分。因此，任何一方都无法学习到其他方的私有信息。

6.4 挑战与展望

传统的迁移学习通常以顺序化或中心化的方式进行。顺序迁移学习（Sequential Transfer Learning, STL）[263] 是指首先在源任务上学习迁移知识，之后应用于目标域，以提升目标模型的性能。顺序迁移学习在计算机视觉领域中是普遍存在且高效的，它通常以预训练模型的方式，在 ImageNet [264] 等大型图像数据集上进行。顺序迁移学习也经常用在自然语言处理中，将基本语言单元（如单词、词组或句子）编码为分布式表征。集中迁移学习（Centralized Transfer Learning, CTL）是指迁移学习所涉及的模型和数据都集中于一处。因此，传统的迁移学习在许多实际应用场景中都是不适用的。因为在这些场景中，数据常分散于多方，并且隐私安全是一个主要的关注点。联邦迁移学习是解决这类问题的一种可行的、具有前景的解决方案。

虽然将迁移学习与联邦学习框架相结合的研究工作发展迅速，然而在实际应用中，联邦迁移学习仍然面临诸多的挑战，这里列举了其中的三个挑战：

- 我们需要制定一种学习可迁移知识的方案。该方案能够很好地捕捉参与方之间的不变性。在顺序迁移学习和集中迁移学习中，迁移知识通常使用一个通用的预训练模型来表示。联邦迁移学习中的迁移知识由各参与方的本地模型共同学习得到。每一个参与方都对各自本地模型的设计和训练拥有完全的控制权。在联邦迁移学习模型的自主性和泛化性能之间，我们需要寻求一种平衡。

- 我们需要确定如何在保证所有参与方的共享表征的隐私安全的前提下，在分布式环境中学习迁移知识表征的方法。在联邦学习框架中，迁移知识表征不仅是以分布式的方式学习得到的，还通常不允许暴露给任何参与方。因此，我们需要精确地了解每一个参与方对共享表征做出的贡献，并考虑如何保护每个参与方所贡献信息的隐私安全。

- 我们需要设计能够部署在联邦迁移学习中的高效安全协议。联邦迁移学习通常需要参与方之间在通信频率和传输数据的规模上进行更密切的交互。在设计或选择安全协议的时候需要仔细考虑，以便在安全性和计算开销之间取得平衡。

当然，还有许多其他的挑战与困难有待研究人员和工程师们去解决。我们设想，随着联邦迁移学习带来的实用价值越来越高，越来越多的机构和企业将会把资源投入相关研究和实现中来。

联邦学习激励机制

在联邦学习中，如何建立激励机制使得参与方持续参与到数据联邦中是一项重要的挑战。实现这一目标的关键是制定一种奖励方法，公平公正地与参与方们分享联邦产生的利润。本章介绍联邦学习激励（Federated Learning Incentivizer，FLI）方法的各种激励分配方法[265]。它的任务目标为最大化联邦的可持续性经营，同时最小化参与方间的不公平性，动态地将给定的预算分配给联邦中的各个参与方，还可以扩展为一种能够帮助联邦抵御恶意的参与方的调节机制。

7.1 贡献的收益

对于联邦而言，参与方持续地参与到联邦的学习进程（例如，通过共享加密的模型参数）是其长期成功的关键所在。参与方加入联邦，构建一个机器学习模型，从而对联邦做出贡献，训练出的模型可以产生收益。联邦可以与参与方们共享部分收益，以此作为激励，如图 7-1 所示。这里的研究问题是，如何以情境感知等方式量化每个参与方为联邦带来的收益，从而实现联邦长期的可持续经营。

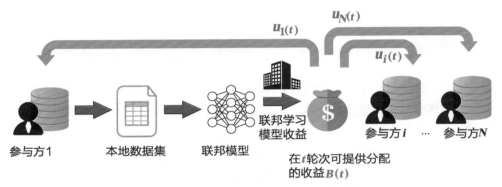

图 7-1　从一个数据联邦向其参与方传输收益

7.1.1 收益分享博弈

类似的问题也在代价分担博弈中进行了研究。一般而言，广泛使用的收益分享方法可以分为三类。

（1）**平等（Egalitarian）**。由数据联邦产生的任何效用，都平均分配给帮助生成它的参与方。

（2）**边际收益（Marginal gain）**。数据联邦中的参与方的效益是它加入团队时所产生的效用。

（3）**边际损失（Marginal loss）**。数据联邦中的参与方的效益是它离开团队时所产生的效用。

一般而言，一个参与方 i 在给定收益分享轮次 t 中，从总预算 $B(t)$ 得到的分期

收益可以表示为 $\hat{u}_i(t)$，计算公式为：

$$\hat{u}_i(t) = \frac{u_i(t)}{\sum_{i=1}^{N} u_i(t)} B(t), \qquad (7\text{--}1)$$

式中，$u_i(t)$ 表示参与方 i 对收益 $B(t)$ 产生的效用，其数值根据给定方法计算得到。

平均分配是平等收益分享的一个例子[266]。在这种方法中，可用的收益分配预算 $B(t)$，在给定轮次 t 中，被均等地分配给所有 N 个参与方。因此，一个参与方 i 的收益为：

$$u_i(t) = \frac{1}{N} B(t). \qquad (7\text{--}2)$$

在个体收益分享（Individual profit-sharing）方法[266] 中，每一个参与方 i 对集合体作出的边际收益（假设集合体只包含参与方 i），被用于计算它能得到的收益的分成 $u_i(t)$ 为：

$$u_i(t) = v(\{i\}), \qquad (7\text{--}3)$$

式中，$v(X)$ 表示一个评估集合体 X 效用的函数。

工会博弈收益分享（The Labour Union game profit-sharing）[267] 方法基于参与方 i 对由其前任 F 所组成的集合体做出的边际收益，计算参与方 i 在 $B(t)$ 中所占的份额（每一个参与方的边际贡献是基于它们加入集合体的相同顺序计算的边际收益）：

$$u_i(t) = v(F \cup \{i\}) - v(F). \qquad (7\text{--}4)$$

Shapley 博弈收益分享（The Shapley game profit-sharing）[268] 方法也是一种基于贡献的边际方法。不同于工会博弈收益分享方法，Shapley 博弈收益分享方法旨在排除参与方以不同顺序加入集合体中所带来的影响，从而更加公平地估计它们对集合体做出的边际贡献。因此，它将参与方 i 以相对于其他参与方的所有不同排列次序加入集合体，并将此过程所产生的边际贡献进行平均：

$$u_i(t) = \sum_{P \subseteq P_j \setminus \{i\}} \frac{|P|!(|P_j| - |P| - 1)!}{|P_j|} [v(P \cup \{i\}) - v(P)], \qquad (7\text{--}5)$$

其中，一个集合体被分为 m 个部分 $(P_1, P_2, \cdots, P_m)$。

公平价值博弈（The Fair-value game）[267] 方法是一种基于损失的边际方法。在这种方法中，参与方 i 所占的收益份额由下式确定：

$$u_i(t) = v(F) - v(F \setminus \{i\}). \qquad (7\text{--}6)$$

参与方离开集合体的顺序将会显著影响它的收益大小。

虽然参与方对数据联邦的贡献是一个重要的考虑因素，但在为联邦学习设计激励机制时，这不是所需要考虑的唯一因素。在一个给定的市场中，一些公司可能已经占据了很大的市场份额，从而可以积累大量的高质量数据。如果要建立高质量的联邦学习模型，这样的公司对于数据联邦来说是非常有价值的。然而，通过参与联邦学习，这种类型的市场领导者可能会无意地帮助到它的竞争者们，因为联邦学习模型将会在所有参与方间共享，从而会给市场领导者们招致潜在的巨大机会成本。因此，任何为联邦学习设计的收益分享方法都应该考虑到参与方加入联邦会产生的代价。

如果参与方付出的代价非常高，联邦带来的收益可能不够一次性补偿这一代价，因此联邦可能要求分期地支付给参与方。这将会进一步导致"利息"支付的问题，因为从本质上来说，参与方们是在将各自的资源（如数据）借给联邦以产生收益。

为了维持数据联邦的长期稳定，并且在以后逐渐吸引更多高质量的参与方加入，需要一种强调公平性，并且适合联邦学习环境的激励机制。在本章中，我们提出了一种模型框架——联邦学习激励方法，它允许机制设计人员在联邦学习环境中协同地解决上述涉及收益分享的因素。它通过最大化可持续的经营目标，动态地将给定的预算划分给联邦中的各个参与方，同时最小化参与方间的不平等问题。一旦成本得到了完全的补偿，FLI 方法将会继续按照联邦采用的基本收益分享方法向其支付收益。

7.1.2 反向拍卖

除了基于收益分享博弈的方法，反向拍卖还能被用来制定激励计划，以提高各参与方所贡献的数据的质量。目前，已经有了用于传感器数据的反向拍卖方法[269]，该方法的目的是在提供有质量的数据前提下，寻求最低廉的传感器组合方式。这类方法基于一种假设，即中央实体清楚自己需要何种数据（例如地理分布）。然而，这类方法通常假设数据质量与成本或代价无关（因为反向拍卖需要相同的物品）。一种不好的结果是，参与方可能仅仅为了获取回报，而提交不具有信息的数据来套利。

另一种获取指定质量的数据的方法是发布奖励，这是一种只能接受或放弃的方法。联邦可以发布一个固定额度的奖励，以奖励那些能够贡献具有指定质量的数据的参与方。如果需要付出的代价低于能够得到的回报奖励，参与方可以选择参与到联邦模型训练中去；或者如果代价高于能够得到的奖励，则参与方可以不参与。当需要参与方的努力以满足数据的质量需求时，可以有三种奖励设计方案[270]：

- 通过输出协议[271, 272]；
- 通过信息理论分析[273]；
- 通过模型改良[274]。

对于基于随机梯度下降的联邦学习方法，梯度信息可以被视作一种数据类型。然而，在这种情况下，基于奖励的输出协议将很难使用。因为共同信息需要一个多任务环境，而在这种情况下通常不存在。因此在这三种方案中，模型改良是设计联邦学习奖励的最佳方式。目前，有两种专注于模型改良的联邦学习激励方案正在研究中。

文献[275]提出了一种为模型更新导致的边际效益的奖励方案。效益的总和可能导致高估整体的贡献。因此，该文献还介绍了一种纠正高估问题的模型。这种方案确保了奖励的支付和模型质量的改进是成正比的，这意味着人们可以预测达到目标模型质量水平所需要的预算。它还确保了参与方提交模型更新的数据越早，得到的奖励越高。这可以激励参与方在联邦模型训练的早期阶段便参与进来。

文献[276]和[275]类似，但该文献中计算了一个 Shapley 值，从而在参与方间分配奖励，这种计算通常代价高昂。相反，文献[274]采用的比例因子近似方法在计算效率上要高得多，且它并没有解决在不需要额外代价的前提下，向多个联邦贡献同一数据集的问题。

这两种方案确保了不含信息的数据将不会得到奖励，从而减少了"搭便车"情况的发生。

7.2 注重公平的收益分享框架

上文中提到的方案可以扩展至参与方们未被预先奖励的情况，但他们必须等待联邦模型产生利润，之后才能得到奖励。在本节中，我们介绍联邦学习系统模型并导出了 FLI 收益分享方案。如图 7-2 所示，我们将解释 FLI 结构中的每一个模块。

7.2.1 建模贡献

我们假设数据联邦使用联邦学习惯用的模型训练同步模式[64]，其中参与方以轮次为单位共享模型参数。在轮次 t 中，一个参与方 i 可以把在数据集上训练的本地模

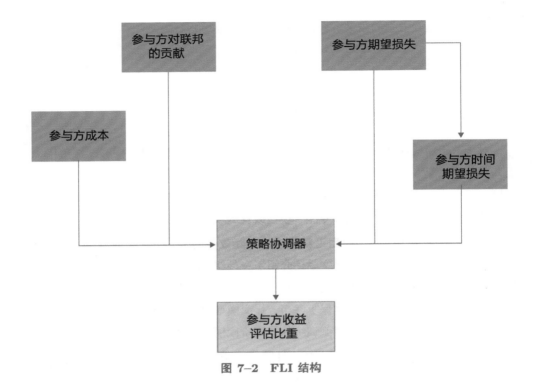

图 7-2　FLI 结构

型贡献给联邦。联邦可以根据 FLI 基本方案对参与方 i 的数据贡献进行评估。

　　为此，联邦可以进行沙盒（sandbox）模拟，以估计参与方的贡献对模型性能的影响。评估的结果由一个变量 $q_i(t) \geqslant 0$ 记录，表示联邦模型从参与方 i 的最新贡献中可以获得的期望边际收益。所提出的激励方案与贡献分数产生的方式完全无关。因此，我们不关注 $q_i(t)$ 生成的确切机制，并假设该数值可用来作为 FLI 的输入。

7.2.2　建模代价

　　设 $c_i(t)$ 表示参与方 i 将 $d_i(t)$ 贡献给联邦所需要的代价，有许多种方式可以计算。尽管基于市场调研建立计算模型是可行的，但更实用的解决方案仍然是基于竞拍的自述方法。一种采购竞拍方法 [277] 可以用来估计 $c_i(t)$ 已被秘密知道后的代价。尤其是联邦可以询问每一位参与方，获取各自的数据贡献所需要支付的报酬，之后筛选允许加入联邦的参与方。

　　在这种情况下，延迟付款方案可以从采购竞拍中分离出来，其中 $c_i(t)$ 可以认为是由竞拍确定的向参与方 i 支付的报酬。这样就可以在竞拍环节和提出的激励方案中实现明确的利益分离。在这里，由于重点是研发用于联邦学习的激励设计框架，我们将计算 $c_i(t)$ 的主题留到另一项工作中，并假设这个数值在这里是可用的。

7.2.3　建模期望损失

对于每一位参与方 i，随着时间的推移，联邦会持续追踪从贡献给联邦的数据中得到的收益回报。因为这个值代表了参与方目前已经收到的和其应该收到的收益之间的差别，我们将其定义为**期望损失**（regret），表示为 $Y_i(t)$。$Y_i(t)$ 的动态变化可以解释为一个队列系统：

$$Y_i(t+1) \triangleq \max[Y_i(t) + c_i(t) - u_i(t), 0]. \tag{7--7}$$

式中，$u_i(t)$ 表示由联邦发送给参与方 i 的收益回报。若 $Y_i(t)$ 值较大，则说明参与方 i 并没有得到足够的补偿。

7.2.4　建模时间期望损失

在一些情况下，由于联邦中预算的限制，一次性付清 $u_i(t)$ 需要花费的代价可能会过高。对于这种情况，联邦需要计算分期支付，以多个轮次向参与方支付收益回报。参与方在当前支付预算中所占的份额 $B(t)$，取决于他们的期望损失以及他们等待报酬完全被支付所消耗的时间。

为达到这一目的，我们为式(7--7)添加了一个**时间队列**（temporal queue）$Q_i(t)$，其中队列的动态变化设为：

$$Q_i(t+1) \triangleq \max[Q_i(t) + \lambda_i(t) - u_i(t), 0], \tag{7--8}$$

式中，$\lambda_i(t)$ 表示一个指示函数：

$$\lambda_i(t) = \begin{cases} \hat{c}_i, & \text{当 } Y_i(t) > 0 \text{ 时}, \\ 0, & \text{当 } Y_i(t) \leqslant 0 \text{ 时}. \end{cases} \tag{7--9}$$

该公式表示，一旦 $Y_i(t)$ 不为空，则时间队列 $Q_i(t)$ 将会增长。根据过去的经验，增量基于参与方 i 为联邦贡献数据的平均代价 $\hat{c}_i$。当联邦向参与方 i 进行支付时，队列也会以同样的规模减小。收益分享方法可以确保参与方不仅因为他们的数据贡献被补偿，还会因为等待的时长而获得更多的回报，让他们认为加入联邦是"值得的"，从而吸引他们加入。

7.2.5　策略协调

为了鼓励参与方持续地参与到联邦中来，联邦需要确保参与方会基于各自的贡献而被公平对待。这里定义了三个**公平标准**，它们对于联邦的长期持续经营是非常重要的。

（1）贡献公平性（Contribution Fairness）。参与方 i 的回报应该与其对联邦 $q_i(t)$ 的贡献明确相关。

（2）期望损失分配公平性（Regret Distribution Fairness）。参与方间的期望损失和时间期望损失应该尽可能的小。

（3）期望公平性（Expectation Fairness）。参与方的期望损失和时间期望损失随时间推移而产生的变化应该尽可能的小。

为了满足全部公平性标准，随着时间的推移，联邦应该最大化"价值减期望损失偏移（value-minus-regret drift）"目标函数。从参与方的贡献得到的效用集合与两种因素相关：参与方对联邦做出的贡献 $(q_i(t))$；参与方 i 由于自己的贡献 $(u_i(t))$，而从联邦得到的回报。对联邦做出重要贡献的参与方理应得到高回报，这是公平的。因此，我们有：

$$U = \frac{1}{T} \sum_{t=0}^{T-1} \sum_{i=1}^{N} \{q_i(t)u_i(t)\}. \tag{7-10}$$

最大化 U 满足**公平标准（1）**。

由于对于所有的参与方 i 有 $Y_i(0) = 0$，如果我们始终努力去最小化 $Y_i(t)$ 随时间的变化程度，期望损失将不会无限制地增长，否则这会赶走所有参与方。基于 Belmont 的报告[278] 的建议，联邦需要联合地考虑参与方间的期望损失的程度以及分布情况，以便公平地对待他们[279]。l_2-标准可以同时捕捉期望损失的程度和参与方间期望损失的分布。较大的 l_2-标准值意味着有许多参与方具有非零的期望损失，或者有一些参与方具有非常大的期望损失[279-281]。二者都应该被最小化。

基于 l_2-标准技术，我们对 FLI 的李雅普诺夫函数[283] 给出了公式化表示：

$$L(t) = \frac{1}{2} \sum_{i=1}^{N} [Y_i^2(t) + Q_i^2(t)].$$ (7-11)

为了求导运算的简便，我们在 l_2-标准计算中省去了 $\sqrt{\cdot}$ 运算符，并将整个公式乘以 $\frac{1}{2}$。这些改动并不会影响上述公式中 l_2-标准的理想性质。

随着时间的推移，参与方的期望损失偏移为：

$$\begin{aligned}
\Delta &= \frac{1}{T} \sum_{t=0}^{T-1} [L(t+1) - L(t)] \\
&= \frac{1}{T} \sum_{t=0}^{T-1} \sum_{i=1}^{N} \left[\frac{1}{2} Y_i^2(t+1) - \frac{1}{2} Y_i^2(t) + \frac{1}{2} Q_i^2(t+1) - \frac{1}{2} Q_i^2(t) \right] \\
&\leqslant \frac{1}{T} \sum_{t=0}^{T-1} \sum_{i=1}^{N} \left[Y_i(t) c_i(t) - Y_i(t) u_i(t) + \frac{1}{2} c_i^2(t) - c_i(t) u_i(t) \right. \\
&\left. \quad + \frac{1}{2} u_i^2(t) + Q_i(t) \lambda_i(t) - Q_i(t) u_i(t) + \frac{1}{2} \lambda_i^2(t) - \lambda_i(t) u_i(t) + \frac{1}{2} u_i^2(t) \right].
\end{aligned}$$ (7-12)

由于 $u_i(t)$ 是控制变量，我们只从式(7-12)中提取出含有它的算式：

$$\Delta \leqslant \frac{1}{T} \sum_{t=0}^{T-1} \sum_{i=1}^{N} \left\{ u_i^2(t) - u_i(t) [Y_i(t) + c_i(t) + Q_i(t) + \lambda_i(t)] \right\}.$$ (7-13)

期望损失偏移变量 Δ 联合地捕获参与方间期望损失（$Y_i(t)$ 与 $Q_i(t)$）的分布，以及期望损失随时间发生的变化。最小化 Δ 满足**公平标准 (2) 和 (3)**。

通过联合地考虑集合体的效用和期望损失的分布，给定联邦的总体目标函数可以定义为"最大化集合体的效用，同时最小化参与方间'期望损失与等待时间'的不平等性"：

$$\omega U - \Delta,$$ (7-14)

应当被最大化。其中，ω 是联邦的一个正则化项，用于控制两个目标间的权衡。因此，联邦的目标函数为：

最大化：

$$\frac{1}{T} \sum_{t=0}^{T-1} \sum_{i=1}^{N} \left\{ u_i(t) [\omega q_i(t) + Y_i(t) + c_i(t) + Q_i(t) + \lambda_i(t)] - u_i^2(t) \right\},$$ (7-15)

约束条件:

$$\sum_{i=1}^{N} \hat{u}_i(t) \leqslant B(t), \forall t, \tag{7-16}$$

$$\hat{u}_i(t) \geqslant 0, \forall i, t. \tag{7-17}$$

式中,$\hat{u}_i(t) \leqslant u_i(t)$ 表示在第 t 轮次中从联邦向参与方 i 发放的分期付款,将在下面的小节中进行推导。

7.2.6　计算收益评估比重

为了优化式(7–15),我们设一阶导数为零,然后求解 $u_i(t)$:

$$\frac{\mathrm{d}}{\mathrm{d}u_i(t)}[\omega U - \Delta] = 0. \tag{7-18}$$

求解上述公式得到:

$$u_i(t) = \frac{1}{2}[\omega q_i(t) + Y_i(t) + c_i(t) + Q_i(t) + \lambda_i(t)]. \tag{7-19}$$

式(7–15)的二阶导数是:

$$\frac{\mathrm{d}^2}{\mathrm{d}u_i^2(t)}[\omega U - \Delta] = -1 < 0, \tag{7-20}$$

表示该解可以最大化目标函数。

对于在第 t 轮次贡献规模为 $d_i(t)$,质量为 $q_i(t)$ 的数据,参与方 i 应该收到的总补偿为 $u_i(t) = \frac{1}{2}[\omega q_i(t) + Y_i(t) + c_i(t) + Q_i(t) + \lambda_i(t)]$。如果预算 $B(t)$ 不足以在第 t 轮次中一次性地付清所有的参与方的补偿,联邦可能需要在一段时期内分期地进行支付。为了在参与方间分享 $B(t)$,计算得到的 $u_i(t)$ 的值将会作为划分 $B(t)$ 的权重。联邦在第 t 轮次给 i 的分期回报 $\hat{u}_i(t)$ 见式(7–1)。

FLI 收益共享方案总结于算法 7–1,它考虑了参与到联邦中的程度和时间两个方面。共享了大量高质量数据的参与方,以及长期没有得到全部补偿的参与方,之后都将得到由联邦生成的更高份额的收益。

算法 7–1 的计算时间复杂度为 $O(N)$。一旦 $Y_i(t)$ 和 $Q_i(t)$ 都到达了 0,并且参与方 i 没有发生新的成本,则 $u_i(t) = \omega q_i(t)$。此后,参与方 i 将会基于联邦使用基本方法（如 Shapley 博弈收益分享方法）对其贡献的评估结果,对未来的收益回报进

算法 7-1　联邦学习激励方法（FLI）

输入： ω 和 $B(t)$ 由系统管理员设置；$Y_i(t)$ 为来自第 t 轮次的所有参与方（对于任何刚刚加入联邦的 i，有 $Y_i(t) = 0$）；$Q_i(t)$ 为来自第 t 轮次的所有参与方（对于任何刚刚加入联邦的 i，有 $Q_i(t) = 0$）。

1: 初始化 $S(t) \leftarrow 0$; //为了保存所有 $u_i(t)$ 值的和。
2: **for** $i = 1, 2, \cdots, N$ **do**
3: 　**if** $d_i(t) > 0$ **then**
4: 　　计算 $c_i(t)$;
5: 　　计算 $q_i(t)$;
6: 　**else**
7: 　　$c_i(t) = 0$;
8: 　**end if**
9: 　$u_i(t) \leftarrow \frac{1}{2}[\omega q_i(t) + Y_i(t) + c_i(t) + Q_i(t) + \lambda_i(t)]$;
10: 　$S(t) \leftarrow S(t) + u_i(t)$;
11: **end for**
12: **for** $i = 1, 2, \cdots, N$ **do**
13: 　$\hat{u}_i(t) \leftarrow \frac{u_i(t)}{S(t)} B(t)$
14: 　$Y_i(t+1) \leftarrow \max[0, Y_i(t) + c_i(t) - \hat{u}_i(t)]$;
15: 　$Q_i(t+1) \leftarrow \max[0, Q_i(t) + \lambda_i(t) - \hat{u}_i(t)]$;
16: **end for**
17: **return** $\{\hat{u}_1(t), \hat{u}_2(t), \cdots, \hat{u}_N(t)\}$

行共享。提出的方法会优先考虑补偿期望损失非零的参与方，同时考虑他们对联邦的贡献。

7.3　挑战与展望

在本章中，我们回顾了现有的关于收益分享博弈和反向拍卖的研究工作，这些成果可被用于开发联邦学习的激励机制。我们还指出了最近利用这些相关工作某些方面的研究工作所取得的一些进展，它们可以鼓励参与方尽早地向联邦贡献高质量的数据。在这之后，由于现实中的联邦学习商业模型必须在产生利润之前就被建立起来，我们进一步提出了一种能够公平地考虑激励参与方优先顺序的框架结构，它为人们提供了一种可调节的联邦学习激励机制，可以轻易地调整各种影响因素的权重。

在提出的机制能够运作之前，仍有许多工作要做。其中最具挑战性的任务之一是估计参与方加入联邦的代价成本。虽然可以基于市场调研建立计算模型，但更可行的解决方案仍是基于竞拍的自我主动报告方式。当 $c_i(t)$ 是秘密已知时，采购竞拍可以用来估计这一成本。具体来说，联邦可以要求每个参与方去给出贡献数据的回报，然后筛选允许哪个参与方加入联邦。在这种情况下，延迟支付方案可以从估计代价成本的采购竞拍中分离出来，其中 $c_i(t)$ 可以解释为通过竞拍向参与方 i 支付的目标。这样，就可以在竞拍阶段和提出的支付方案阶段明确地分离开来。

另一个挑战是如何估计参与方 i 对联邦做出的贡献。联邦可以运行一个沙盒模拟来估计参与方的贡献对模型性能的影响。一个设计良好的沙盒，还应可以模拟由于参与方的贡献而导致收益的变化。通过这种方式，该机制与计算贡献的方式可以完全解耦。

CHAPTER 8

联邦学习与计算机视觉、自然语言处理及推荐系统

本章将讨论将联邦学习技术应用于计算机视觉、自然语言处理及推荐系统，以实现面向隐私保护的人工智能应用。

8.1 联邦学习与计算机视觉

计算机视觉（Computer Vision，CV）是一门教授机器从图像中学习知识的科学。它是一种利用计算机和相关设备，从采集的图像和视频中学习三维信息的生物视觉模拟。换言之，我们为计算机配置了"眼睛"（摄像头）和"大脑"（算法），使得计算机可以感知到世界。本质上，CV 的核心是研究如何组织输入图像的信息、检测对象和场景，然后解释这些图像的内容。从解决具体问题的角度出发，CV 的研究可以分为目标检测、语义分割、运动跟踪、三维重建、视觉问答和动作识别等几个方面。

CV 自 20 世纪 80 年代首次公开亮相以来，发展十分迅速，完成了从梯度直方图（HOG）和尺度不变特征转换（SIFT）等集合手工特征的浅层模型向端到端深度神经网络的转变。传统的 CV 解决方案大多采用图像预处理、特征提取、模型训练和输出结果这样的步骤顺序。在深度学习中，计算机视觉问题可以通过端到端的方式解决，只需要输入原始数据，其他繁杂的工程作业将留给机器来完成。

8.1.1 联邦计算机视觉

虽然计算机视觉近年来取得了空前的进步，并引领着人工智能时代的变革，但这一非凡的成就很大程度是建立在巨大数量的图像数据的可获得性基础上的。市面上最为成功的计算机视觉应用，通常都是由具有大量资源或庞大用户基础的组织研发的，因为他们可以收集到大量且高质量的数据。

这种以资源为中心的深度学习开发模式，一方面确实促进了 AI 的研究和发展，但另一方面也阻碍了大量小公司对 AI 技术的使用。因为这些小公司通常只有有限的数据资源。一种可能的获取数据的方式是通过数据共享。然而，由于数据隐私、监管风险、缺乏激励等原因，许多企业并不愿与其他企业直接共享数据。

例如，在安全领域，目标检测通常用于检测废弃和可疑的对象。然而，关于这些对象的图像数据是不平衡的，它们通常由不同公司出于不同业务目标来收集和标注。由于数据隐私和监管的顾虑，这些公司并不愿意分享他们的数据。另一方面，这些公司有强烈的动机去建立强大的目标检测系统，以提高他们的业务利润率。

联邦学习可以同时解决这些问题。它允许多家公司在不损害数据隐私的前提下，利用他们的所有数据，协作地构建共享的目标检测模型。此外，联邦学习支持线上反馈和模型更新，使得经过训练的模型可以立即响应用户的请求。联邦目标检测模型的训练流程如图 8–1 所示，详细步骤如下 (以下步骤与图 8–1 所示步骤①~④相对应)：

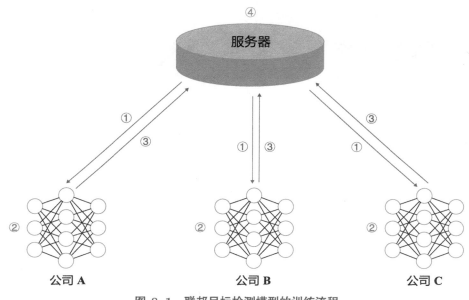

图 8–1　联邦目标检测模型的训练流程

● 步骤 1 各参与公司（即数据的原始拥有者）从服务器下载现有的共享目标检测模型，例如，YOLO[284]。

● 步骤 2 各公司使用本地标记数据对模型进行训练。

● 步骤 3 各公司通过安全协议，将训练后的模型参数上传至服务器。

● 步骤 4 服务器聚合所有参与方的模型参数，并更新共享目标检测模型。

联邦目标检测算法循环执行这些步骤直至算法收敛。之后，本地目标检测模型被部署并开始工作。整个模型训练和部署过程都能以持续的方式执行，因为新的标注数据可以源源不断地加进来。

如图 8–2 所示，在检测环节，安装在人口密集区域如公园、购物广场及大学的摄像头，将使用它们本地部署的目标检测模型来检测可疑对象。本地目标检测模型会通过持续的联邦学习过程进行不断的迭代和部署。

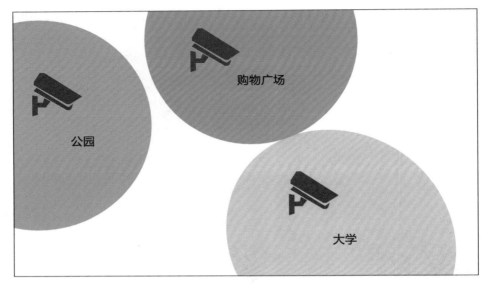

图 8-2 联邦目标检测应用示意图

8.1.2 业内研究进展

计算机视觉技术在医疗领域广泛用于疾病的诊断和预防。医疗数据通常存储于不同的机构中。并且，由于隐私和法律方面的考虑，这些数据过于敏感，因此无法被直接共享。为了解决这个关键问题，联邦学习是一种可行的方法。Sheller 等人[59] 首次将联邦学习用在多机构之间构建一个无须共享患者数据的共享模型。虽然在一定程度上，提出的联邦学习方法解决了医疗图像数据的隐私问题，它仍然需要一个可信任的实体来收集和聚合本地模型的更新信息。这种聚合模式可能会引入恶意的参与方，并有单点故障的风险。

为了解决这个问题，BrainTorrent [285] 提出了一种不需要依赖中央服务器的新型联邦学习框架。与聚合式联邦学习不同，新型联邦学习框架随机地选取一个客户作为临时服务器。该临时服务器向其他客户发出 ping 请求，以检查他们的版本并聚合新版本的模型参数。为了分析神经影像数据，如磁共振成像（Magnetic Resonance Imaging，MRI）扫描，文献[286]提出了一种端到端的联邦学习框架，可用于安全访问和元分析任何生物医学信息，且不需要共享任何个体信息。此外，针对基于梯度优化的潜在瓶颈，这种框架使用了交替方向乘子器（ADMM）进行方案分析，可以减少迭代次数。这种框架包括三个主要步骤：数据标准化，一个数据预处理步骤，用于增强分析的稳定性和简化特征间的比较；纠正对数据有偏差影响的混淆因素；可变性的多变量分析，通过联邦主成分分析，将高维特征转换为低维度表示。

由于深度学习目前在计算机视觉中占主导地位，为了应对复杂的图像任务而开发的深度 CNN 等模型通常是复杂和庞大的。例如，存储一个目标检测模型可能需要数百兆字节。训练一个大型 CNN 模型也通常需要相当长的时间。为了加快训练过程，通常使用预训练模型来加速模型的收敛。

然而，预训练机器学习模型与现有的联邦学习场景并不兼容，因为在联邦学习中，本地模型和全局模型是一起学习的。Mikhail Yurochkin 等人[287]对这个问题进行了研究，开发了一种概率联邦学习框架，可以聚合预训练神经网络模型。更具体地说，其思想是跨客户匹配已训练的本地模型参数，以此构建全局模型。匹配由一个贝塔-伯努利过程（Beta-Bernoulli process，BBP）[288]的后验来控制。该过程允许本地参数聚合形成一个联邦全局模型，而不需要知道用于学习预训练模型算法的额外数据或知识。这种新型联邦学习方法的最大好处是，它将本地模型的训练和全局模型的联邦解耦。这种解耦使得模型预训练策略与联邦学习场景兼容，并允许它不需了解本地学习算法。

8.1.3　挑战与展望

虽然联邦学习在解决计算机视觉问题方面进行了一系列新颖的研究，但是深度卷积神经网络模型的庞大规模阻碍了联邦学习在移动或嵌入式设备中的实际应用。联邦学习将模型训练带到了用户端。一方面，这消除了聚合用户私有数据的需要。另一方面，这对通常只有有限算力的用户设备带来了巨大的挑战。挑战总是伴随着机遇，除了推动英伟达、苹果、华为和小米等移动设备制造商去开发专门用于 DNN 训练的硬件，在智能设备应用上不断提高的需求也会促进如参数修剪、低秩分解、知识蒸馏等模型压缩技术的发展，从而节省计算资源和通信代价。

联邦学习最有前途、最具挑战性的应用之一可能是基于分散在各种设备上的异构数据而构建的 CV 驱动自动驾驶系统。长期以来，自动驾驶汽车制造商一直在寻找稳定而可靠的方法，以确保在任何情况下司机的人身安全。尽管如此，正如你可能听说过的，只用少数贴纸就可以欺骗 DNN，使其对交通标志进行错误的分类。你可能会将此归咎于神经网络算法的局限性。然而，我们认为丰富车辆进行决策所依据的信息源将更有利于司机的安全。当人类在开车期间进行判断时，会使用所有的生理感官，包括视觉、触觉、听觉甚至嗅觉。类似地，一辆自动驾驶汽车应该通过与摄像头、雷达和激光雷达等各种设备进行协调来操纵行驶，这些设备不仅来自汽车自己，也来自周围的汽车，甚至是路上的监视器。

通过将各种设备联合起来，协作地构建共享和定制化的模型，联邦学习可以为自主驾驶系统提供很大助力。这些模型高度信息化，能够做出明智和考虑全面的决策。然而，这不可能在一天之内实现。不同于其他可以有效地从分布式和异构的数据中 (如图像、声音信号、其他数值数据) 学习模式的智能算法，对于联邦学习，还应制定先进的通信协议，以支持各种设备之间的实时交互，也需要高效的安全协议以保证司机和乘客的个人数据的隐私和安全。

8.2 联邦学习与自然语言处理

随着 DNN 的发展，自然语言处理（Natural Language Processing，NLP）模型在诸多领域的任务中取得了瞩目的成就。在这些神经网络模型中，能够有效处理序列信息的循环神经网络（RNN）极大地提高了语言建模的性能。著名的 RNN 变体有长短时记忆（LSTM）[289] 和门控循环单元（Gated Recurrent Unit，GRU）[290]。

然而，这些方法需要将许多用户生成的训练数据聚合到一个中央存储站点中。在真实的场景中，用户的自然语言数据是敏感的，可能包含隐私内容。因此，为了在保护用户隐私的同时，仍然能够建立健壮的 NLP 模型，我们可以使用联邦学习技术。

8.2.1 联邦自然语言处理

联邦学习在 NLP 中的一个典型应用是基于移动设备用户频繁键入的单词来学习词库外 (Out-of-Vocabulary，OOV) 单词[62]。词库外单词是指不包含在用户移动设备的词库表中的词汇。词库表中缺少的单词无法通过键盘提示、自动更正或手势输入来预测。从单个用户的移动设备学习 OOV 单词来生成模型是不切实际的，因为每个用户的设备通常只会存储有限大小的词库表。收集所有用户的数据来训练 OOV 单词生成模型也是不可行的，因为 OOV 单词通常包含用户的敏感内容。在这种场景中，联邦学习显得特别实用，因为它可以根据所有移动用户的数据，训练一个共享的

OOV 生成模型，并且不需要将敏感内容传输到中心服务器或云服务器上。

任何序列化模型，例如 LSTM、GRU 和 WaveNet[291]，都能用来学习 OOV 单词。联邦 OOV 模型训练流程类似于图 8-1。该流程迭代地执行以下步骤来训练共享 OOV 生成模型，直到模型收敛为止。

● 步骤 1 每一台移动设备从服务器下载共享模型。

● 步骤 2 每一台移动设备基于用户输入的内容，训练共享模型。

● 步骤 3 每一台移动设备将模型更新，再通过安全协议上传至服务器。

● 步骤 4 服务器从移动设备收集更新，聚合这些更新并以此改良共享模型。

在联邦学习期间，位于每一台移动设备的 OOV 生成模型将不断得到更新，而训练数据将留在设备中，所以每台移动设备最终都能得到一个更强大的 OOV 生成模型。如图 8-3 所示，基于所有移动用户数据而训练得到的 OOV 模型，能够为每个移动端用户提供丰富多样的查询建议。需要注意的是，用户可以完全决定自己加入或离开联邦学习。所以，服务器应该设立一种分析机制，以监测设备的相关统计数据，例如每轮训练中有多少台设备加入或离开联邦学习过程。感兴趣的读者可以参考文献[64]，了解关于设计可扩展联邦学习系统的更多细节内容。

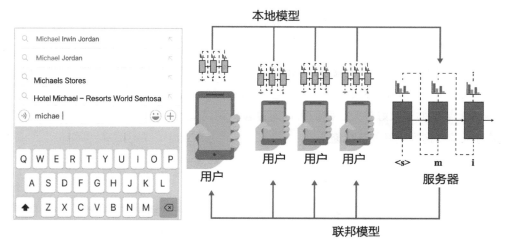

图 8-3　联邦 OOV 生成示意图

8.2.2　业界研究进展

除了学习联邦 OOV 生成模型，联邦学习还可应用于设备上的唤醒词检测（wake-word detection）。例如，对 iPhone 说"嗨，Siri!"来唤醒 iPhone 的语音识别和语言理解模块。唤醒词检测是智能设备上实现基于语音的用户交互的关键组件。由于它们一直处于运行状态，唤醒词检测应用程序必须只消耗非常有限的能源预算，并且通常运行在内存和计算资源有限的微控制器上。此外，它们必须在各种复杂情况下保持行为的一致性，并且对于背景噪声有强鲁棒性。再者，它们应该在命令捕捉上具有很高的召回度，误报率也需要达到非常低的水平。

Snips 最近发表了一篇研究基于众包数据集如何使用联邦学习来训练一个资源有限的唤醒词检测器的论文[292]。该众包数据集模拟了真实世界中数据是非独立同分布、不平衡且高度分散的设置条件。受到 Adam[293] 的启发，这一研究通过自适应平均策略优化了联邦平均算法。得益于这种优化，联邦学习算法在每个客户上的通信开销仅为 8MB，并且能在 100 个通信轮次内收敛。

注意力机制已经被广泛用于序列到序列（sequence-to-sequence）的 NLP 任务中，如神经语言翻译和图像标题生成。最近的一项工作[294] 将注意力机制引入移动键盘输入建议的联邦学习中——注意力联邦聚合（the Attentive Federated Aggregation，FedAtt）方法。不同于传统的用于数据流的注意力机制，FedAtt 方法将服务器模型参数作为查询对象，以客户模型参数作为键值，计算每个客户端的 GRU 神经网络各层相对于服务器 GRU 神经网络各层的注意力权值。之后，服务器通过聚合来自各客户端模型同一层的注意力加权参数，更新服务器模型的每一层。FedAtt 带来的最大好处是，我们可以通过客户端模型的细粒度聚合，对服务器模型进行微调以达到更好的泛化能力。

8.2.3　挑战与展望

在 NLP 领域中，最主要的方法是监督学习。为了在未遇见过的数据上得到良好的泛化性能，监督学习对于每一个新场景都需要足够多的标注训练数据。手工标注每一条训练数据毫无疑问将耗费大量时间，并且工作非常繁重枯燥。联邦学习通过利用来自许多参与方的数据，可以在一定程度上解决这个问题。然而，对于标注数据极其稀缺的场景，所有带标记的和不带标记的可用数据都应该被利用起来。

联邦学习与无监督学习、半监督学习或迁移学习的结合是解决数据稀缺问题的一个很有市场的研究方向。尤其是在 NLP 领域，大量数据都是未经标注的。如何有效地利用这些数据，目前已是一个有趣而富有挑战性的研究课题。研究人员在跨语言学习[295]、多任务学习[296] 及多源域适应[297] 等非联邦学习环境中已经开展了许多创新性的研究工作。在联邦学习设定下，如何有效地利用未标注数据将是更富有挑战性的课题。例如，在分布式环境中，我们需要确定如何从未标注数据中学习可迁移或可分离表征，同时需要保护参与方的隐私安全。此外，我们需要仔细设计或选择安全协议，从而在安全和效率之间达到一种平衡。在发展联邦学习的过程中，我们一定还会遭遇许多其他的挑战和困难。但是，我们设想基于联邦学习的 NLP 的发展将会显著地推动人工智能在诸多行业中的应用。

8.3　联邦学习与推荐系统

购物是我们日常生活的一部分，我们过去常在实体店购买商品，并咨询我们信任的人，如朋友、家人或店员。互联网彻底改变了我们的购物方式，线上购物如今变得稀松平常。只需点击搜索按钮，数以千计的相关商品便会立即弹出来。在这个过程中，无论我们是否意识到，我们都正在使用推荐系统（Recommendation System，RS）。事实上，推荐系统是无处不在的。当我们在淘宝或京东上购买家电，在携程上搜寻旅店，在微博上浏览相片，我们都在使用推荐系统，并在同时为推荐算法做出贡献。

推荐系统到底是什么？简单地说，推荐系统是一种信息过滤工具，可以利用整个社区的用户画像和习惯给特定用户呈现其可能感兴趣的最相关内容。一个有效的推荐系统包含三个主要功能：

- **克服信息过载问题**。随着互联网上信息的爆炸式增长，用户不可能浏览所有的内容。推荐系统可以过滤掉低价值的信息，从而节省用户的时间。
- **提供定制化推荐**。具有特定偏好的用户通常难以找到他们喜爱的商品。推荐系统应该帮助用户更好地根据自己的品味找到真正感兴趣的商品。
- **合理利用资源**。根据长尾效应，最受欢迎的商品吸引了最多的注意力，而不那么受欢迎的商品，也就是其他大部分商品，将很少有人光顾。这是一种极大的资源浪费。推荐系统应该平衡受欢迎程度和实用性，让人们对这些不那么受欢迎的商品给予更多关注。

　　一个高效的推荐系统对平台和公司都有好处。用户更有可能根据他们的偏好来点击或购买被推荐的商品，并且会重新访问那些更了解他们的网站。总之，推荐系统在各种信息检索系统中都发挥着至关重要的作用，可以促进业务的发展和决策的制定[298]。

　　然而，在推荐系统中，仍然有许多尚未解决的问题，冷启动和用户数据隐私是其中的两个主要问题。用联邦学习同时解决这两个问题是可行的。假设我们正通过联邦学习，用多方数据来训练一个全局模型。对于冷启动问题，我们可以从其他参与方借鉴相关信息和知识，以帮助对新商品进行评分或对新用户进行预测。对于数据隐私问题，用户的私有数据被保存在客户端设备中，只有更新的模型才会通过安全协议上传。此外，联邦学习将模型的学习过程分布到各个客户端上，大大降低了中央服务器的运算压力。

8.3.1　推荐模型

　　在详细介绍联邦推荐系统之前，我们首先介绍现有的推荐模型。一般来说，推荐模型可以分为四种：协同过滤、基于内容的推荐系统、基于模型的推荐系统和混合推荐系统[299]。

1. 协同过滤（Collaborative Filtering，CF）

　　它通过对用户与商品的历史互动进行建模来实现推荐。也就是说，基于用户-商品矩阵，协调过滤会给同一位用户推荐类似的商品，或者给类似的用户推荐同一商品。然而，在实际生活中，每一位用户通常只会与几件商品有交互，这使得用户-商品矩阵高度稀疏。低秩因子分解（Low-rank factorization）也称为矩阵因子分解，已被证明是解决稀疏性问题的一种有效方法[300]。

2. 基于内容的推荐系统（Content-based Recommendation System）

　　它对商品的描述和用户的画像进行匹配来进行推荐。其核心思想是，如果一位用户喜欢一件商品，也会喜欢相似的商品。在基于内容的推荐系统里，商品由若干个关键词进行标记，而用户画像由描述该用户喜欢的商品种类的关键词组成。模型通过关键词对齐方法，推荐商品描述与用户画像相匹配的商品。

3. 基于模型的推荐系统（Model-based Recommendation System）

　　它使用机器学习和深度学习技术，对用户-商品关系进行直接建模。该方法有若干优点：与前两种线性方法相比，这种方法适用于对非线性关系进行建模；深度学习模型可以学习文本、图像及音频等异构信息的潜在表征，从而得到更好的推荐模型；RNN 等深度学习模型能够对序列数据进行处理，适用于如预测下一商品等序列模式挖掘任务。

4. 混合推荐系统（Hybrid Recommendation System）

它是指集成两个或多个推荐策略的模型，通常被认为是更有效的。一种简单的混合方法是，先分别进行基于内容过滤预测和协同过滤预测，再将二者的结果聚合在一起。以电影推荐为例，混合模型基于与被推荐用户相似的用户的电影观看和搜索记录（协同过滤），以及与被推荐用户喜欢的电影类似的电影（基于内容过滤），来为用户进行电影推荐。

8.3.2　联邦推荐系统

在本节中，我们将会使用联邦协同过滤作为例子，简要描述联邦推荐系统是如何工作的。感兴趣的读者可以参考文献[63] 以获取更多细节。

假设一个电子商务公司想要训练一个协同过滤（CF）模型，让用户可以根据个人喜好和商品流行程度来找到想要的商品。由于数据的隐私安全问题等原因，无法直接收集到用户的原始数据，因此可以利用联邦学习训练协同过滤模型。通常，一个协同过滤模型可以表示为，由多个用户因子向量（每个向量表示一个用户）组成的用户因子矩阵（user factor matrix）、由多个商品因子向量（每个向量表示一件商品）组成的商品因子矩阵 (item factor matrix) 的组合。联邦协同过滤由所有用户共同地学习这两个矩阵得到，如图 8-4 所示。包含以下五个步骤：

● 步骤 1 每一个客户 (例如，用户的本地设备) 从服务器下载全局商品因子矩阵。该矩阵可以是随机初始化的模型或预训练模型。

● 步骤 2 每一个客户聚合显式数据和隐式数据。显式数据包括用户的反馈，例如对商品的评分和评论。隐式数据由用户订单历史、购物车清单、浏览历史、点击历史、搜索日志等信息组成。

● 步骤 3 每一个客户使用本地数据和全局商品因子矩阵对本地用户因子向量进行更新。

● 步骤 4 每一个客户使用本地数据和本地用户因子向量，计算全局商品因子矩

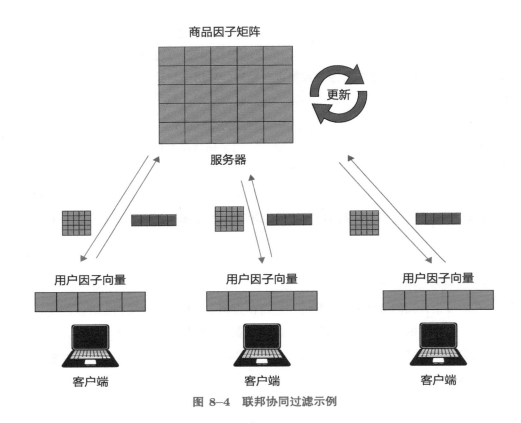

图 8-4 联邦协同过滤示例

阵的本地更新，并通过一个安全协议将更新上传至服务器。

●步骤 5 服务器通过联邦加权算法（如联邦平均算法[13]）聚合从各个客户端上传的本地模型更新。并使用聚合的结果对全局商品因子矩阵进行更新。之后，服务器将全局商品因子矩阵发送给各个客户。

上述过程是联邦协同过滤的一般情况。我们可以利用更强大的模型来代替协同过滤模型，如深度因子分解机（Factorization Machine, FM）模型[301] 以进一步提高性能。除了定制化的推荐任务，联邦推荐系统还可以利用来自不同参与方的不同特征提高推荐的精确度。

8.3.3　业界研究进展

联邦学习是一个新的研究领域，研究人员在将联邦学习和推荐系统相结合方面仍然取得了一些进展，显示了联邦推荐良好的实际效果和应用前景。

文献[302]在线上学习场景中应用了联邦学习，即联邦在线学习排名（Federated Online Learning to Rank，FOLtR）。他们将进化策略优化和基于差分隐私的隐私化过程相结合。实验结果表明，FOLtR-ES（Federated Online Learning to Rank with Evolution Strategies）的性能接近 RankingSVM 和 MSE 基线水准，并且对于隐私化噪声有一定的鲁棒性。

文献[65] 提出了一种针对推荐模型的联邦元学习框架，用于在算法层面分享用户信息。该框架利用参数化算法训练参数化推荐模型（即算法和模型都是参数化的，且需要优化）。此外，本地模型是特定于个体用户的，可以维持在一个较小的规模以减少资源消耗。实验表明，相比基线，联邦元学习推荐模型具有最高的预测精准度，并且仅需几个更新步骤便可以快速适应新用户。

Jan Trienes 等人[303] 将联邦学习视作一个去中心化的网络，可以解决大规模用户监视和滥用用户数据操纵选举等问题。他们研究了如何将推荐算法应用于去中心的社交网络，并基于一个名为 Mastodon 的联邦社交网络收集的大量无偏差样本，实现了一个协同过滤推荐器和一个基于拓扑结构的推荐器。实验表明，协同过滤方法优于拓扑方法。

8.3.4　挑战与展望

我们可以看到，研究人员在结合联邦学习和推荐系统等方面进行了一些创新性的研究工作，但这个领域仍有许多空白需要填补。一个普遍的问题是：建立实用的隐私保护和安全的推荐系统需要什么？我们怎样才能建立这些系统？该问题可以进一步细分为几个具体的方面：如何在保护数据安全和隐私的同时，达到高准确度和低通信成本？我们应该选择哪种安全协议？哪种推荐算法更适用于联邦学习？

这里提出了一些未来可能的研究方向。首先，不完整的数据会在多大程度上影响推荐系统的性能？换句话说，我们需要从用户那里收集多少数据，才能建立一个精准的推荐系统。其次，传统的推荐器会利用用户的社交数据、时空数据等，然而目前还不清楚这些数据中哪一部分更有用。最后，联邦学习框架与传统的推荐系统的设定有很大不同。因此，如何在联邦学习框架下，设计高效并且精确的推荐算法也是一项很有挑战性的研究工作。

CHAPTER 9

联邦强化学习

在本章中，我们介绍联邦强化学习 (Federated Reinforcement Learning)，涵盖强化学习、分布式强化学习、横向联邦强化学习和纵向联邦强化学习的基础知识，以及联邦强化学习的应用示例。

9.1 强化学习介绍

强化学习（Reinforcement Learning，RL）是机器学习的一个分支，主要研究序列决策问题[304]。强化学习系统通常由一个动态环境和与环境进行交互的一个或多个智能体（agent）组成。智能体根据当前环境条件选择动作决策，环境在智能体决策的影响下发生相应改变，智能体可以根据自身的决策、环境的改变过程得出奖励。智能体必须处理顺序决策问题，从而获得最大化价值函数的结果（即期望的折扣奖励总和或期望奖励）。传统的强化学习过程可以表示为马尔可夫决策过程（Markov Decision Process，MDP）。

如图 9-1 所示，智能体首先将观察环境的状态（State），然后基于这个状态选择动作（Action）。智能体期望根据所选的动作，从环境中得到奖励（Reward）。智能体的奖励与其上一步的状态、下一步状态和所做出的决策等因素有关。智能体在状态-动作-奖励-状态周期（SARS）中循环移动。

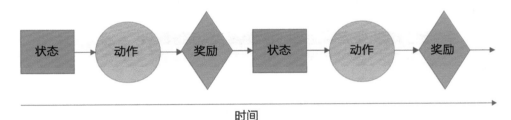

时间

图 9-1　状态-动作-奖励-状态周期

这个问题的难点在于以下几个方面：

- 智能体对于一个给定状态的最优操作的知识有限。一般情况下，对于给定状态，智能体需要在特定的时间步长内解决最优化决策过程。

- 智能体的动作将影响环境的未来状态，进而影响智能体未来的决策。智能体必须在当前回报和未来期望回报之间进行权衡。最佳动作的选择需要考虑动作的影响、未来的后果，因此可能需要前瞻或计划。

除了智能体和环境，强化学习系统还包括四个关键子元素：策略（Policy）、奖励（Reward）、价值函数（Value function）及可选的环境模型。

9.1.1 策略

策略定义了智能体在给定状态时选择动作的方式。策略可以是确定性的，也可以是随机性的。策略是强化学习智能体的核心所在，其定义了智能体根据环境状态和智能体记忆知识生成决策的过程。

9.1.2 奖励

奖励定义了在强化学习问题中，环境到智能体的即时反馈。当一个智能体确定了单步的动作之后，环境发生改变至下一步状态。智能体（或环境中其他观察者）根据上一步环境状态、下一步状态和智能体的决策得到其本次决策的奖励。智能体的目标是最大化其长期获得的总奖励。奖励信号是策略调整的主要依据和基础。

9.1.3 价值函数

鉴于智能体是为了积累更高的回报奖励，价值函数是一种在给定状态下测量动作的长期回报奖励的方法。奖励是由环境直接给出或由智能体根据相应奖励函数计算得出的，而价值是根据对一个智能体在其整个生命周期中进行的系列观察后评估计算得出。

9.1.4 环境模型

环境模型是一种模拟环境动作的虚拟模型。例如，给定一个状态-动作对（State-Action pair），环境模型可能预测结果的下一状态和下一奖励，以及在实际发生之前考虑到未来可能的情况。使用模型解决强化学习问题的方法被称为基于模型（model-based）的方法。然而，绝大多数其他的算法都假设模型是未知的，它们通过反复试验来估计策略和价值函数，这些方法被称为无模型（model-free）方法。

9.1.5 强化学习应用举例

在强化学习的研究中，研究的热点包括：自适应控制和最优控制、离散和连续时间动态系统的反馈控制。这些反馈控制问题包括自动驾驶系统、自动直升机控制和工业系统的最优控制等。

我们将介绍强化学习方法在燃煤锅炉优化控制中的应用：燃煤锅炉系统将能源首先转化为蒸汽，然后再转化为电能。在整个转换过程中，系统具有高度的动态性。随机因素可能来自需求上难以预测的改变、装备的状态，以及煤炭的热量值的不确定性等。图 9–2 展示了将强化学习应用于燃煤锅炉系统中的一个基本框架。

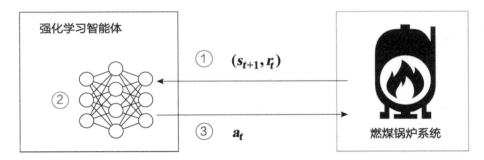

$$a_t = (\text{输煤速度，一次风量，二次风量})$$

$$s_t = (\text{炉膛温度，炉膛含氧量，蒸汽压力})$$

$$r_t = \text{燃煤效率，温度波动率等}$$

图 9–2　燃煤锅炉控制的强化学习框架

如图 9–2 中所示，为了训练强化学习智能体（Reinforcement Learning agent，以下简称为 RL 智能体）对燃煤锅炉系统进行最优控制，需要进行以下交互：

（1）**RL 智能体得到观察结果**。RL 智能体可以获得燃煤锅炉的观察结果，包括炉膛温度、炉膛含氧量、蒸汽压力等。

（2）**RL 智能体执行动作**。基于 RL 智能体学习的知识，RL 智能体发送一个决策动作至燃煤锅炉控制系统。这个动作包括输煤速度、一次风量、二次风量等。

（3）**燃煤锅炉演进**。最后，燃煤锅炉接收智能体的动作，并进入下一状态中。

在后续章节中，我们将更多的约束和目标引入燃煤锅炉优化控制中的应用中，并重点阐述联邦强化学习应用在燃煤锅炉优化控制系统中的必要性和作用。

9.2　强化学习算法

强化学习算法可以根据以下关键元素进行分类。

1. 基于模型与无模型

基于模型的方法首先尝试建立环境的虚拟模型，然后根据虚拟模型得出的最佳策略进行操作。无模型方法假设环境模型不能被建立，并通过反复迭代来修正价值函数和智能体策略。

2. 基于价值与基于策略

基于价值的方法试图学习价值函数，并从中得到最优策略。基于策略的方法直接从策略参数中进行搜索，寻找最优策略。

3. 蒙特卡洛更新与时间差分更新

蒙特卡洛更新（Monte-Carlo Update）通过使用整个周期内的积累奖励来评估策略。这在实现上很简单，但这需要大量的迭代次数才能收敛，并且在估计它们的价值函数时存在很大的方差。时间差分更新（Temporal Difference Update）计算的是误差，即价值函数的新估计值和旧估计值的差值，而不是使用总的累计奖励。这种更新只需要最近的迭代，并且减小了方差。然而，由于整个过程的全局视图没有被考虑到，在估计过程中，可能会导致偏差的增大。

4. 在策略与离策略

在策略（on-policy）的方法使用当前策略来生成动作并以此更新当前策略。离策略（off-policy）的方法使用一个不同的探索性策略来生成动作，目标策略将基于这些动作来更新。

表 9-1 总结了一些著名的强化学习算法及分类。两种被广泛用来解决强化学习问题的时间差分方法是状态-动作-奖励-状态-动作周期（SARSA）和 Q-Learning 方法。

SARSA 是一种在策略的时间差分算法[305]。它是在策略的，因为它遵循同一策略来寻找下一动作。它试图学习一个动作价值函数而不是价值函数。策略评估步骤使用时间误差来求得动作价值函数，这点类似于价值函数。

Q-Learning 是一种离策略的时间差分算法[306]。Q-Learning 以贪心方式选择下一动作，而不是遵循相同的策略。它通过对当前的 Q-函数使用直接的贪心策略来更新 Q-函数。

表 9–1　状态-动作-奖励-状态-动作（SARSA）周期

算法	无模型	基于模型	基于策略	基于价值	蒙特卡洛更新	时间差分更新	在策略	离策略
Q-Learning	✓	✓		✓		✓		✓
SARSA	✓	✓		✓		✓	✓	
策略梯度	✓	✓	✓		✓			
Actor-critic			✓	✓				
蒙特卡洛学习					✓			
SARSA 匿名函数							✓	
深度 Q-网络								✓

9.3　分布式强化学习

在强化学习的训练过程中，如果智能体需要探索一个巨大的状态-决策空间，那么这个过程可能会非常耗时或需要大量的算力。如果环境和智能体有多个副本，这个问题便可以通过分布式的方式来更有效地解决。分布式强化学习范式可以是同步的或异步的。

9.3.1　异步分布式强化学习

在异步场景中，多个智能体分别探索它们自己的环境，并异步地更新一组全局参数。这允许大量的参与方来协作地学习。然而，由于一些智能体的延迟问题，这种算法可能会遇到陈旧梯度问题。

异步优势动作评价算法（Asynchronous Advantage Actor-Critic，A3C）是由 DeepMind 在 2016 年提出的一种算法[307]。当学习 Atari 基准游戏时，它会在单个 CPU 上创建 16 个（或 32 个）智能体和环境的副本。由于算法是高度并行化的，它可以在廉价的 CPU 硬件上非常迅速地学习许多 Atari 基准游戏。

通用强化学习架构 (Gorila)[308] 是另一种用于大规模分布式强化学习的异步框架。可以创建多个智能体，且将它们备份为包括参与者和学习者在内的不同角色。参与者只能通过环境中的行动来生成经验。经验的收集存储于一个共享的回访内存中，学习者只能通过从回访内存中取样来进行训练。

9.3.2 同步分布式强化学习

Sync-Opt 同步随机优化[157]旨在解决同步强化学习中存在的智能体速度缓慢、分布散乱的问题。为了妥善处理这些智能体，训练过程只会等待预设数量的智能体返回结果，最慢的那些智能体将会被删除。

优势动作评价算法（Advantage Actor-Critic，A2C）[309]是著名的 A3C 方法的一种变体版本。它以同样的方式工作，但会在轮次间对所有的智能体进行同步。OpenAI 在他们的博客中宣称同步的 A2C 要优于 A3C[307]。

9.4 联邦强化学习

分布式强化学习（Distributed Reinforcement Learning，DRL）在过去几十年得到了广泛的研究。这些研究大致可以分为多智能体强化学习和并行强化学习[308-311]。分布式强化学习在实现过程中存在许多技术和非技术的问题，其中最关键的问题是如何防止信息泄露，并在分布式强化学习过程中保护智能体的隐私安全。这一关注导致了强化学习的隐私保护版本——联邦强化学习（Federated Reinforcement Learning，FRL）的诞生。

联邦学习是一种强大的框架，可以避免信息泄露和保护用户隐私。在这里，我们将联邦强化学习分为横向联邦强化学习（Horizontal Federated Reinforcement Learning，HFRL）和纵向联邦强化学习（Vertical Federated Reinforcement Learning，VFRL）。在下一节中，我们将会通过实际工业系统中广泛研究的案例来讲述二者的概念和区别。

本节描述横向联邦强化学习和纵向联邦强化学习的背景知识。我们将着重介绍这两者的详细背景、问题设定和可能的框架，并使用一个在强化学习社区中广泛研究的案例——燃煤锅炉控制系统。

9.4.1 联邦强化学习背景

Hankz 等人[57]也给出了两个真实生活中的联邦强化学习案例：

- 在一家生产不同组件的工厂，决策者的决策过程是隐私的，并不会与其他方共享。另一方面，由于业务的限制和缺乏奖励信号（对于某些智能体来说），建立高质量的策略往往是困难的。因此，在不公开隐私数据的情况下，协作地学习决策策略对于工厂来说是很有帮助的。

- 另一个例子是为医院的患者建立医疗策略。患者可能在某些医院接受过治疗，但没有提供治疗的反馈，即没有关于这些医疗策略的奖励信号。此外，关于患者的数据记录是隐私的，不能在医院间共享。因此，有必要通过联邦强化学习方法来学习各医院的治疗策略。

在之后的内容中，为确保一致，我们将会在燃煤锅炉系统的基础上，更为详细地介绍横向联邦强化学习和纵向联邦强化学习的背景、问题设定以及框架。

9.4.2 横向联邦强化学习

并行强化学习（Parallel Reinforcement Learning）[314, 315] 在强化学习研究社区中已被长期研究，其中多个智能体被假设执行同一任务（与状态和动作相关的奖励相同）。智能体们可能在不同环境中进行学习。需要注意的是，大多数并行强化学习的设置采用的是迁移智能体经验或梯度的操作。显然，由于隐私保护问题，这类方法是行不通的，因此，人们采用 HFRL 方法来应对隐私保护问题。HFRL 应用并行强化学习应用的基础设置，并将隐私保护任务作为一项额外约束（同时对于联邦服务器和智能体）。图 9-3 展示了 HFRL 的一个基本框架。

如图 9-3 所示，HFRL 中包含多个用于不同燃煤锅炉系统的并行强化学习智能体（为了简洁，我们只展示出两个智能体），各个智能体可能分布于不同的地理位置。这些 RL 智能体有同样的任务，即对相应的燃煤锅炉系统进行最优控制。一个联邦服务器负责集中来自不同的 RL 智能体的模型。执行 HFRL 的基本步骤如下：

● 步骤 1 所有 RL 智能体根据图 9-2 在本地独立训练各自的强化学习模型，且不会交换任何数据经验、参数梯度及损失。

● 步骤 2 RL 智能体将加密过的模型参数发送给联邦服务器。

● 步骤 3 联邦服务器对来自非同一的 RL 智能体的模型进行加密和融合，从而得到一个联邦模型。

● 步骤 4 联邦服务器将联邦模型发送给各 RL 智能体。

● 步骤 5 RL 智能体更新本地模型。

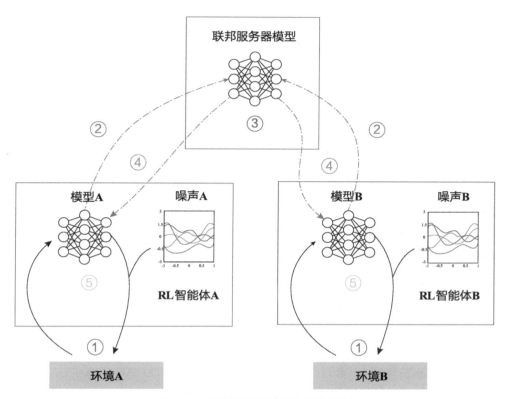

图 9-3　横向联邦强化学习架构示例

在现有工作中，研究人员们开始关注 HFRL 的研究。Liu 等人[316]提出了自主导航设定下的终生联邦强化学习（Lifelong Federated Reinforcement Learning，LFRL），主要任务是使得机器人共享各自的经验，从而让它们可以高效地利用前驱知识快速适应环境中产生的新变化。这个研究成果的主要思想可以总结为如下三个步骤：

步骤 1 **独立学习。** 每一个机器人在各自的环境中执行各自的导航任务。环境可以是不同的、相关的或不相关的。基本思想是在本地执行终生学习，以学习避免多种类型的障碍。

步骤 2 **知识融合。** 机器人从已定义或未定义的环境中抽取相应的知识和技能，之后会通过知识融合过程，将已学到的知识融合成最终的模型。

步骤 3 **智能体网络更新。** 各智能体的网络参数将会定期更新。由不同智能体获得的知识可以通过这些参数来进行共享。

虽然实现隐私保护的目标可能会带来更多的挑战，但在以下方面中，HFRL 可以带来诸多益处：

（1）**避免非独立同分布（Non-IID）样本**。单一任务智能体可能会在学习过程中遭遇到非同一分布样本。主要原因是，对于单智能体设定的强化学习任务，在之后得到的经验会与之前的经验有着强烈的相关性，这可能会破坏同一分布（i.i.d.）的数据假设。HFRL 可以为建立一个更精确、更稳定的强化学习系统提供增益。

（2）**提高样本效率**。传统强化学习方法的另一困难是，使用有限的样本快速建立稳定和精确的模型的能力比较低下（称为低样本效率问题），这阻碍了传统强化学习方法在真实生活场景下的应用。在 HFRL 中，我们可以对不同智能体从非同一环境抽取出的知识进行集中聚合，从而缓解低样本效率问题。

（3）**加速学习进程**。通过与强大的联邦学习框架相结合，可以集中来自非同一的智能体所学习到的不同知识，从更多非同一分布样本中的学习到的经验可以加速强化学习的进程，从而取得更好的结果。

9.4.3 纵向联邦强化学习

回顾燃煤锅炉系统的最优控制问题，很明显锅炉的工作条件并不只依赖于可控因素，还依赖于不可获得或不可预测的信息。例如，气象条件可能会极大地影响燃煤锅炉的燃烧效率及蒸汽输出。为了训练一个更合理、更健壮的 RL 智能体，需要从气象数据中提取知识。不幸的是，小型发电厂可能并不能支付得起用于购买实时准确测量当地气象数据的专业设备的费用。此外，发电厂的所有者可能对原始气象数据并不感兴趣，而是对从中抽取的价值更感兴趣。因此，为了训练一个鲁棒性更好的 RL 智能体，发电厂的所有者应该与气象数据管理部门协作。作为回报，气象数据管理部门可以在不需要直接展示任何实时气象数据的情况下获得报酬。这种协作框架属于纵向联邦强化学习（VFRL）的分类范围。

在 VFRL 中，有不同的 RL 智能体维持对同一环境的不同一观察。每一个 RL 智能体维护一个对应的动作策略（一些智能体可能没有动作策略）。协作框架的主要目的是，通过利用从不同的协作智能体拥有不同的观察结果中提取的混合知识，训练一个更有效的 RL 智能体。在训练或推理过程中，任何对原始数据的传递都是被禁止的。下面介绍了 VFRL 的一种可能的框架——联邦 DQN（Federated DQN），如图 9–4 所示。

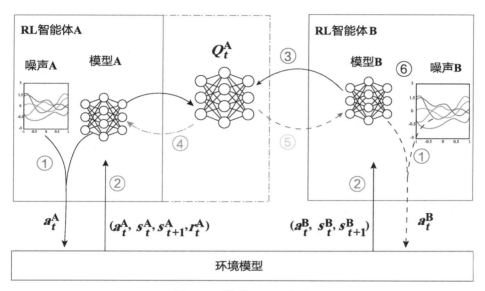

图 9–4　联邦 DQN 框架

我们将从环境获得奖励的 RL 智能体命名为 Q-网络智能体（Q-network agent）（图 9–4 中的 RL 智能体 A），其他智能体命名为协作 RL 智能体（图 9–4 中的 RL 智能体 B）。

步骤 1 所有的参与 RL 智能体根据当前环境的观察结果和抽取的知识进行动作决策。某智能体可能不进行动作，只维持各自对于环境的观察。

步骤 2 RL 智能体得到环境对应的反馈结果，包括当前环境的观察和奖励等。

步骤 3 RL 智能体通过将得到的观察内容放入自己的神经网络中以计算中间结果，之后将加密过的中间结果发送给 Q-网络智能体。

步骤 4 Q-网络智能体对所有的中间结果进行解密，并使用当前的损失通过反向传输方法训练 Q-网络。

步骤 5 Q-网络智能体将加密过的权重梯度发送给各个协作智能体。

步骤 6 每一个协作智能体对梯度进行解密并更新各自的网络模型。

在现有工作中，文献[57]对现有的 VFRL 的研究工作进行了调研，调查了多智能体协作的强化学习系统的相关问题，考虑了智能体数据、梯度和模型的隐私保护需求。联邦强化学习框架与在上文提到的 VFRL 架构相对应（后来被命名为 VFRL）。该文作者详细地介绍了 VFRL 在现实生活中的意义。

长期以来，对具有多个协同或对抗智能体的系统中的动作进行建模和开发，一直都是强化学习社区面临的一个有趣的挑战[310, 311]。在联邦学习领域中，智能体可以执行具有不同状态、动作或奖励的异构任务（一些可能没有奖励或动作）。每个 VFRL 智能体的主要目标是协作或竞争地建立一个稳定且精确的强化学习模型，且不需要经验（包括状态、动作和奖励）或相关梯度的直接交换。与多智能体强化学习相比，VFRL 的优点可以总结为：

- **避免智能体和用户的信息泄露**。在燃煤锅炉系统中，气象数据管理部门能得到的一个直接好处就是，它可以在不泄露任何原始的实时气象数据的前提下，提高自己的生产效率。这个过程可以封装为一种服务，进而发布给所有潜在的外部用户。

- **提高强化学习性能**。如果采用恰当的知识提取方法，则可以训练出一个更合理、更健壮的 RL 智能体，从而提高效率。

9.5　挑战与展望

联邦学习作为一种能在训练和推理过程中保护各方隐私和防止信息泄露的新兴框架，近年来受到了越来越多的研究和关注。以下是当前联邦强化学习面临的挑战和研究方向。

1. 新的隐私保护方法

注意，上述引用的联邦强化学习框架使用了交换参数或引入高斯噪声的思想，当面临敌对的智能体或甚至攻击者时，这种方法将会变得十分脆弱。因此，需要将差分隐私、安全多方计算和同态加密等更多的可靠性方法融入联邦强化学习中。

2. 迁移联邦强化学习

虽然我们并没有对迁移联邦强化学习（Transfer FRL）进行单独的分类，但它的重要性仍然促使我们提出一个十分有意义的研究方向。在传统强化学习方法中，从已学习过的任务中，将经验、知识、参数或梯度迁移到新任务中是目前研究的前沿。在强化学习社区中，从已有知识中学习，是比仅仅从样本中学习更有挑战性的目标。

3. 联邦强化学习新机制

从上文我们可以总结如下：当前联邦强化学习的方法都可以归类为深度强化学习方法。由于联邦学习在强化学习领域引入了新的约束，因此借用传统强化学习方法或深度学习方法，探索新的强化学习机制形成了一个有意义但极具挑战的研究方向。

CHAPTER 10
应用前景

　　作为能够在不违反隐私和安全的前提下，使用分散于多方的数据来构建共享和定制化模型的一种创新的建模机制，联邦学习在诸多领域都有广阔的应用前景，如电子商务、金融、医疗、教育、城市计算、智慧城市、边缘计算、物联网、区块链以及第 5 代 (5G) 移动网络等。由于各种原因，这些领域的数据不能被直接地聚合用来训练机器学习模型。本章给出了几种已经落地或者富有潜力的、通过联邦学习技术实现的应用。

10.1　金融

在保护投资者免受管理不善和欺诈的影响、维持金融行业稳定、保护用户数据的隐私和安全等方面，政府的监管法规在很大程度上影响着金融业的运转。为了节省政府监管导致的各种成本和工作量，许多金融公司和银行都利用人工智能（AI）、云服务和移动互联网等现代技术，希望能在遵守严格的政府监管的同时，有效且高效地提供金融服务。

以智慧消费金融（Smart consumer finance）为例，其目的是利用机器学习技术，为信用良好的消费者人群提供定制化的金融服务，以鼓励其消费。在智慧消费金融中，涉及的数据特征主要包括消费者的资质信息、购买能力、购买偏好及商品特征。在实际应用中，这些数据特征可能由不同的部门或公司收集。如图 10–1 所示，一位消费者的资质信息和购买能力可从其银行储蓄中推断出来，对于不同商品或服务的购买能力，可从社交网络中分析得到，而商品的特征可由电子商务平台记录。在这种场景下，我们面临两个主要问题。第一，为了保护数据隐私和安全，银行、社交网站和

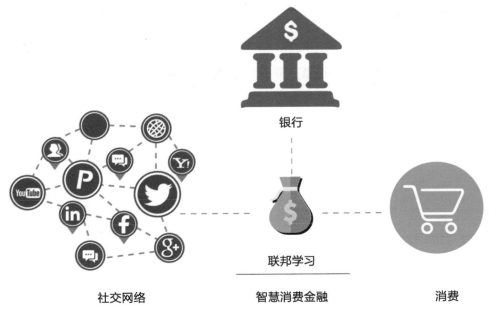

社交网络　　　　　智慧消费金融　　　　　消费

图 10–1　智慧消费金融中的联邦学习

网购网站之间的数据壁垒难以跨越，因此数据无法直接聚合。第二，由这三方存储的数据通常是异构的，传统的机器学习不能直接处理异构数据。所以，目前传统的机器学习方法并不能有效地解决这些问题。

联邦学习和迁移学习是解决这些问题的关键。首先，基于联邦学习，我们可以为这三方建立本地的定制化模型，并且不会公开他们的数据。同时，我们能够利用迁移学习来解决数据的异构问题，并克服传统 AI 技术的局限性。因此，联邦迁移学习为我们构建跨企业、跨数据以及跨领域的大数据和AI生态系统提供了良好的技术支持。

10.2　医疗

随着 AI 技术的进步，出于降低人工成本和减少人为失误的愿景，许多 AI 应用开始在医疗领域得到发展。例如，用于心脏病和放射学的 AI 程序已被开发出来，可用来帮助诊断心脏疾病和识别早期癌细胞。由于医疗 AI 的应用前景十分广阔，越来越多的医疗服务提供商开始使用 AI 技术，以提高工作效率和改善对患者的护理水平，如图 10–2 所示。

然而，人工智能技术在医疗行业的应用仍处于起步阶段。现有的智能医疗系统远非真正意义上的智能，一些这样的系统被质疑提供了不安全和不准确的治疗推荐[317, 318]。许多因素可能导致了现有的智能医疗系统存在的种种不足。其中一个关键因素是，很难收集到足够数量的、具有丰富特征的、可以用来全面描述患者症状的数据。举个例子，为了准确地诊断出一种疾病，我们可能需要从多个数据源收集多样性的特征，包括疾病症状、基因序列、医疗报告、检查结果及学术论文等。但是，目前并没有一个稳定的数据源可以囊括所有这些特征，并且大部分的训练数据并没有被标注。研究人员估计，若要开发出性能良好的医疗 AI，需要 1 万名专家花费 10 年时间，才可能收集到足够的可用数据。数据和标注的不足导致了机器学习模型性能的低下，这成了目前智能医疗系统的瓶颈所在。

为了打破这个瓶颈，各医疗机构可以联合起来，按照隐私保护条例共享各自的数据。这样，我们就可以得到一个足够大的数据集来训练一个模型，该模型的性能比在单一医疗机构的数据上训练得到的模型要好得多。将联邦学习和迁移学习相结合是实现该目标的一个很有前途的解决方案。首先，来自医疗机构的数据对于隐私和安全问题特别敏感，直接将这些数据收集在一起是不可行的。联邦学习允许所有的参与方协

图 10–2　智能诊断中的联邦学习

作地训练一个共享模型，而不需要交换或公开他们的私有数据。其次，迁移学习技术可以帮助扩展训练数据的样本和特征空间，并且降低各医疗机构之间样本分布的差异性，进而改善共享模型的性能。因此，联邦迁移学习可在智能医疗系统的发展中发挥重要作用。如果未来有相当数量的医疗机构能够通过联邦迁移学习参与到数据联邦的构建中来，医疗 AI 将能为更多的患者带来更多的益处。

10.3　教育

　　长期以来，教育工作者们一直呼吁建立一套能够整合跨学科的课程教学系统，例如在 STEM（科学、技术、工程和数学）学科之间，或者在 STEM 和人文学科之间。然而，教学系统很少能够支持提供这样综合学习体验的先决技能、知识库和经验。一个典型的自适应教学系统（Adaptive Instructional System，AIS）只能同时应付一个学科，并且通常具备其独特的内容知识库、自适应引擎和数据管理方法。例如，一个数学 AIS 知识库一般由描述细粒度数学学习目标的知识图谱组成，但它可以与物理和化学中的各种目标有诸多的联系。例如，学生的微积分知识有助于学习物理知识。因此，跨教学系统的知识库整合不仅可以扩展 AIS 的广度，还能为学生提供更为丰富的跨学科的学习体验。

为此，我们可以将每个 AIS 系统的知识图谱编码为一个具有较高表征 (representation) 能力的图神经网络。然后，我们可以使用基于联邦学习的方法构建一个综合模型，来对各种 AIS 的知识图谱进行整合，从而可以将课程知识、学习者模型和数据从一个 AIS 扩展至另一个。这样，每个 AIS 都可以从联邦系统的数据同步、延迟降低和安全特性中受益，同时维护各自知识库、自适应引擎及数据的隐私和安全。

除了整合教育资源，联邦学习还可以帮助实现定制化教育，如图 10–3 所示。更具体地，教育机构可以利用联邦学习，基于存储在学生个人移动设备（如智能手机、

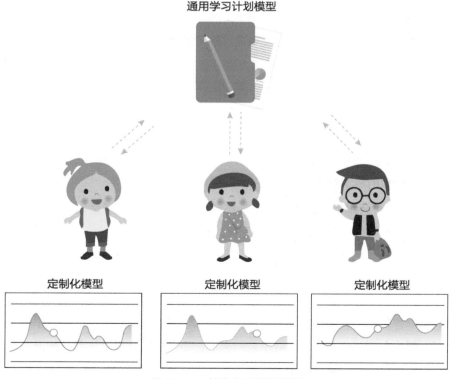

图 10–3　教育中的联邦学习

iPad 和笔记本电脑）中的数据，协作地构建一个通用学习计划模型。该通用学习计划模型可以为背景相似的学生制定标准化的学习计划。在此模型基础上，还可根据每一个学生的特长、需求、技能和兴趣，构建定制化、个性化的学习指导模型。

10.4 城市计算和智慧城市

根据文献[319]，城市计算被定义为一种获取、整合和分析由城市中不同信息源，例如传感器、设备、车辆、建筑和人类等，产生的大量异构数据的过程，以缓解当前城市面临的主要问题，如空气污染、能源消耗增加和交通拥堵等。城市计算可以帮助人们创造旨在迅速响应市民需求的智慧城市。

随着云服务、大数据、人工智能、物联网和 5G 技术的发展，在许多发展中国家和发达国家中，商业城市的建设步伐越来越快。然而在经历了短暂的爆发之后，智慧城市的发展进入了一个瓶颈期，城市建设面临着诸多严峻挑战。文献[320] 总结了研究人员、工程师和公务员在建设智慧城市过程中遇到的四大挑战。

（1）**强调技术而忽视参与**。强调大型企事业单位的信息化和平台建设，却忽视大多数小企业的参与程度。

（2）**数据孤岛和数据碎片**。城市管理中的数据、应用和部门职责的整合缺失问题依旧没有解决。

（3）**智能系统的安全风险**。对于信息安全、运营安全、网络安全的重视不够，增加了城市管理的成本和风险。

（4）**缺乏可持续的经营模式**。市场参与机制不够全面。需要建立可持续、公平公正、受市场规则约束的收益共享和奖励机制。

具有协作性和隐私保护性的联邦学习是解决这些挑战的方案之一，如图 10-4 所示。通过协同建设智慧城市，联邦学习将为小型企业带来更多的机遇和利益。在联邦学习中，小型企业可以通过利用所有参与方的数据，在不损害隐私和安全的情况下，协作地构建智能应用程序。例如，通过使用联邦学习，网约车公司可以协作地建立最优模型，解决车辆路线问题。这对于公司来说，不仅可以直接增加营收和提高客户满意度，还能通过分流和减少城市交通拥堵来获得额外的收益。

通过联邦学习，数据孤岛问题可以在一定程度上得到解决。有许多因素导致了数

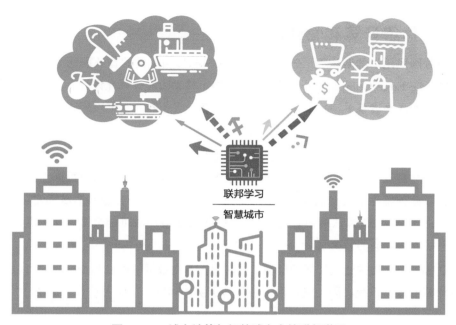

图 10-4　城市计算与智慧城市中的联邦学习

据孤岛问题的出现，例如监管风险、隐私问题、不匹配的激励方式和集成异构数据的高昂成本。除了解决隐私问题和为参与方带来益处，联邦学习还可以集成具有异构特征的数据。例如，目前的空气质量预测模型一般依赖于从气象条件以及稀疏分布的空气质量监测站得到的空气质量指数（AQI），而无法利用与 AQI 相比完全不同的特征，比如更高解析度的工业排放数据和汽车废弃数据。纵向联邦学习可以解决这个问题，该方法能够充分利用多个数据源的异构特征数据来训练一个共享的空气质量预测模型。

为了保证数据联盟（Date Alliance）的长期稳定，并随时间推移逐渐吸引更多拥有高质量数据的参与方，需要一种激励机制，以公平公正的方式在参与方之间分享由数据联盟产生的收益。联邦学习激励方法（FLI）可以用于实现这种机制，我们推荐感兴趣的读者参考第 7 章以获取更多细节。这种收益分享方法的核心是通过共同地最大化可持续运营目标，将给定的预算动态地分配给联邦中的参与方，同时最小化参与方之间的不平等性。通过 FLI，我们预计可以激励越来越多的参与方为数据联盟贡献高质量的数据，以促进智慧城市的发展。

10.5 边缘计算和物联网

随着网民用户的激增[321, 322]，移动互联网和移动手机的普及推动了移动边缘计算（Mobile Edge Computing，MEC）的发展。移动边缘计算允许计算发生在数据产生地（即物联网设备），而不需要将数据发送至云服务器。它可以用于任何已部署物联网（IoT）设备特别是移动设备的企业或机构。

各种由人脸识别、语音助手和智能背景虚化等人工智能技术支持的应用程序，都可以部署在移动手机上。当前，AI 应用的解决方案通常需要将用户数据上传至云服务器，以此训练一个大型机器学习模型。然而，这可能会导致隐私泄露和安全漏洞。此外，由于当前 AI 算法的中心化，用户在使用 AI 应用时可能会遭遇高延迟，尤其是在网络连接较弱的情况下。

联邦学习允许构建更智能的模型，同时保护本地数据的隐私和安全。它可以作为边缘计算的操作系统，因为它提供了一种为了协作和安全的学习协议，如图 10-5 所

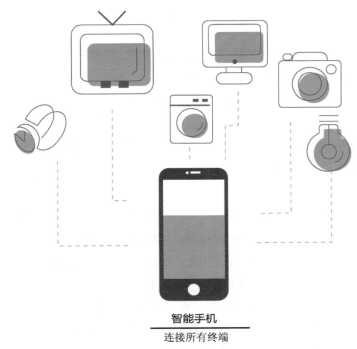

智能手机

连接所有终端

图 10-5 边缘计算中的联邦学习

示。更具体地说，联邦学习能够使得边缘计算设备在不向云服务器发送数据的情况下，协作地训练机器学习模型。除了联邦学习所带来的隐私保护的好处，每一台移动设备最终都能得到一个可以立即响应用户需求的定制化模型。谷歌已经在安卓智能手机上的 Gboard 应用中测试并使用了联邦学习算法[246]。他们的联邦学习算法利用了存储在移动设备中的用户查询建议的点击历史，以改进 Gboard 的查询建议模型。

联邦学习带来的变化并不只限于移动设备，还包括智能家庭终端。联邦学习可以充分利用不同家庭设备上具有异构特征的数据，从而搭建更智能的应用程序。联邦学习模型不仅适用于电视和电灯，还能与智能音箱和智能门锁相结合，进行联动功能开发，从而支持更加人性化的智能家居操作新模式。

通过联邦学习，将模型训练引入边缘设备也带来了许多算法和技术上的挑战。其中之一是要求边缘设备安装更强大的处理器，以训练复杂的本地模型。这个需求将推动苹果、华为和小米等终端设备制造商开发专门针对 DNN 等现代人工智能技术的硬件，如神经处理单元 NPU。随着 AI 和物联网的发展，AI 技术和边缘计算不会孤立地发展，而是朝着一体化的方向大步向前。

10.6 区块链

联邦学习为参与方提供了通过协作构建强大的机器学习模型的能力，并使用隐私保护机制来保护数据的隐私。然而，联邦学习因其易受到后门攻击[323] 而受到了一些质疑。例如，恶意参与方可以使用恶意的训练样本对机器学习模型投毒，并使用模型替代技术来破坏最终模型的性能效果。人们已经开发了许多安全协议来抵御和防范恶意攻击，例如防御蒸馏和对抗训练正则化。然而，为了主动防止联邦学习受到恶意攻击，而不是被动防御，仍旧需要一种可以有效检测恶意攻击并确定恶意参与方的机制。

区块链具有不可变性和可跟踪性，是联邦学习中防止恶意攻击的有效工具[244]。更具体地说，每个参与方对其本地模型所做的即时更新，都可以链接到区块链提供的分布式账本上，以便对这些模型更新进行审计。此外，每一个模型更新，无论是本地权重还是梯度，都可以追溯到单个参与方并与之关联，这有助于检测篡改尝试和恶意模型替换。此外，模型更新可以通过一种加密的方式进行，从而保证完整性和保密性。

10.7　第五代移动网路

联邦学习已经成为机器学习、无线网络[322-326]，尤其是第 5 代（5G）移动网络[327-330] 等交叉领域一个活跃的研究课题。无线网络中的数据通常位于用户设备和网络边缘设备中，这使得基于集中式数据集的传统机器学习不再适用。联邦学习提供了一种解决方案，它不仅可以解决数据隐私问题，还可以解决通信带宽、可靠性和延迟问题[64]。同时，联邦学习可以帮助建立更好的无线网络。文献[329]概述了如何利用联邦学习来解决 5G 移动网络的关键挑战并提高 5G 移动网络的整体性能。

CHAPTER 11

总结与展望

　　人工智能和大数据的发展涉及它们对人类社会的社会责任这一重要议题。这需要我们兼顾到算法性能提升和对隐私、安全的严格要求。针对这一矛盾的挑战，联邦学习提供了一个有效的解决方案，使得我们既能利用多方数据源和模型提升系统的效率，同时也能保护用户隐私和信息的安全。本书系统地概述了联邦学习这一前沿领域的发展现状，也为这一技术未来的发展及应用描述了客观的前景。

在本书中，我们介绍了联邦学习学科领域。主要介绍了面向隐私保护的机器学习、分布式机器学习、横向联邦学习、纵向联邦学习、联邦迁移学习和联邦学习的激励机制，联邦学习在计算机视觉、自然语言处理和推荐系统等领域的应用，联邦强化学习，以及联邦学习在多个商业领域的潜在应用。

联邦学习诞生于人们对数据碎片化、数据孤岛、用户隐私泄露以及机器学习面临的数据短缺问题的日益关注。我们的社会逐渐意识到大公司侵犯用户隐私的严重影响，政府和监管机构正在收紧监管共享私人数据的法律，例如欧盟的《通用数据保护条例》（GDPR）提出了对数据安全性的最严格要求[10]。由于基于集中式数据收集的传统机器学习方法不再符合严格的数据保护法规，为了使人工智能领域继续发展，迫切需要一种能够保护数据隐私的创新解决方案。

联邦学习允许多个参与方在其本地私有地保存自己的数据，同时协作并安全地建立联邦学习模型。通过联邦学习，数据不需要离开参与方，因此可以更好地保护用户隐私和数据安全。在本书中，我们讨论了构建联邦学习模型的几种模式，包括横向联邦学习、纵向联邦学习和联邦迁移学习。我们还介绍了联邦强化学习及最新发展。我们介绍了一些联邦计算机视觉、联邦自然语言处理和联邦推荐系统应用案例。随着社会的进步，这些技术可能在将人工智能提升到新的水平上扮演重要的角色。在新的水平上，可以通过协作、保密和面向隐私保护的方式构建机器学习模型，谷歌的Gboard 系统就是这样一个例子[64]。本书还进一步指出，联邦学习不仅是一种技术解决方案，而且还是一个隐私保护的生态系统，例如微众银行牵头构建的 FedAI 生态系统[66]。建立联邦学习生态系统也是一个经济学问题，我们需要仔细设计激励机制，以确保利润可以公平、透明地被联邦学习的参与方分享。如此，不同参与方将会希望以可持续的方式加入联邦，为联邦做出数据贡献。此外，这种机制还能帮助联邦阻止恶意的参与方实施攻击或破坏行为。

随着探索更多的联邦学习应用场景，该领域变得越来越具有包容性。它涵盖了分布式机器学习、统计学、信息安全、加密算法、模型压缩、博弈论和经济学原理，以及激励机制设计等方面的研究和实践。

联邦学习生态系统在将来会进一步扩展。将会出现更多联邦学习开源平台软件，例如 FATE[2] 和 PySyft[78]。从业人员将习惯于建立具有社会期望的所有必要方面的解决方案，联邦学习将成为"人工智能造福社会"的一个典范。

APPENDIX A

数据保护法律和法规

　　数据和机器学习模型的共享对我们的社会有巨大的好处，但不当的数据共享会导致严重的隐私侵犯问题。本附录将通过三个例子来介绍数据保护法律和法规的发展，以及数据隐私问题的应对方案。我们将介绍欧盟、美国和中国出台的一些相关法律和法规。设置附录是为读者提供更多有关数据保护法律和法规的信息，并非旨在提供法律建议。

A.1 欧盟的数据保护法规

在大数据和人工智能时代，人们对于用户隐私和数据安全的关注非常普遍。随着越来越多的数据泄露和隐私侵害事件的发生[54]，数据保护受到的社会关注和公众支持也在不断增加。由欧盟于 2016 年发布并于 2018 年实施的《通用数据保护条例》（GDPR）是目前最全面、应用最广泛的隐私保护法规。GDPR 的颁布是为了保护居住在欧盟境内的人能够免受用户隐私及数据安全漏洞的侵害，这被认为是近 20 年来欧盟用户隐私法规的最大一次改动[331-333]。

GDPR 在 2016 年取代了之前的数据保护指令（Data Protection Directive, DPD）95/46/EC[331-333]。欧盟给予各成员国两年时间，以确保 GDPR 在每一个成员国都能得到完全实施。GDPR 于 2018 年 5 月 25 日正式生效。

GDPR 一共包含 99 个条款（Article），分为 11 章，还包括 173 条引注（Recital）。GDPR 各章的概述如下：

- 第一章描述了一般规定，包括 4 个条款（条款 1 ～ 条款 4）。

- 第二章概述了数据保护原则，包括 7 个条款（条款 5 ～ 条款 11）。

- 第三章界定了数据主体的权利，包括 12 个条款（条款 12 ～ 条款 23），这 12 个条款又分为 5 个小节。

- 第四章界定了数据控制方和处理方的权利和义务，包括 20 个条款（条款 24 ～ 条款 43），这 20 个条款又分为 5 个小节。

- 第五章界定了向第三国或国际组织转移个人数据的法规，包括 7 个条款（条款 44 ～ 条款 50）。

- 第六章界定了独立监察机关的角色，包括 9 个条款（条款 51 ～ 条款 59），这 9 个条款又分为 2 个小节。

- 第七章界定了关于合作和一致性的原则，包括 17 个条款（条款 60 ～ 条款 76），这 17 个条款又分为 3 个小节。

- 第八章定义了补救措施、责任和惩罚措施，包括 8 个条款（条款 77 ～ 条款 84）。

- 第九章界定了与特定处理情况有关的规定，包括 7 个条款（条款 85 ～ 条款 91）。

- 第十章界定了委托行为和实现行为，包括 2 个条款（条款 92 ~ 条款 93）。

- 第十一章界定了委托行为和实现行为，包括 6 个条款（条款 94 ~ 条款 99）。

GDPR 的官方文件及更多细节信息可以在网站[336] 上找到。

A.1.1　GDPR 中的术语

GDPR 的第 4 个条款明确规定了 GDPR 使用的术语。我们在这里列举一些最重要的术语。

- 个人数据（Personal data）：与已识别或可识别的自然人（数据主体）有关的任何信息，如数据主体的物理、生理、基因、心理、经济、文化或社会身份信息。

- 处理（Processing）：在个人数据或一组个人数据上执行的任何操作或任何一组操作，不论是否通过自动化手段，如收集、记录、组织、结构化、存储、变更或更改、检索、咨询、使用、通过传输来披露、传播或以其他方式提供、排列或组合、约束、消除或销毁。

- 跨域处理（Cross-border processing）：在多于一个欧盟成员国的地区中发生的个人数据处理行为。

- 剖析（Profiling）：任何形式的个人数据的自动化处理，包括使用个人数据以评估与自然人有关的某些个人方面。

- 假名化（Pseudonymisation）：处理个人数据的一种方式，即在不使用额外信息的情况下，个人数据不再归于某一特定的数据主体。额外信息被分别保存，并通过技术和组织手段确保个人数据不再归因于某一已识别或可识别的自然人。

- 控制方（Controller）：决定处理个人数据的目的和方法的自然人或法人、公共机构、代理或其他组织、与其他方联合决定。

- 处理方（Processor）：代表控制方处理个人数据的自然人或法人、公共机构、代理或其他组织。

- 数据主体同意（Consent of the data subject）：任何数据主体以声明或明确的肯定性行为，就有关他或她的个人数据的处理作出任何自由、具体、知情和明确的声明，表示同意处理他或她的个人数据。

- 个人数据外泄（Personal data breach）：违反安全规定，导致意外或非法损毁、丢失、更改、未经授权的披露或者获取已传输、存储或以其他方式处理的个人数据。

A.1.2　GDPR 重点条款

GDPR 在数据处理方面实施了严格的隐私保护规定，这里列举一些重要的条款。

1. 重点一：适用范围扩大 (GDPR 条款 3)

适用地域范围的扩大，也称为治外法权适用性（extraterritorial applicability）的扩大，是 GDPR 相对于 DPD 95/46/EC 的主要变化之一。具体来说，GDPR 适用于以下情况[10, 336, 337]：

- 由在欧盟成立的机构处理个人数据，不论该数据处理是否在欧盟内进行。

- 由属于欧盟的某个组织处理数据主体的个人数据，且该组织并不是在欧盟成立的。其中，该数据处理涉及向这些在欧盟的数据主体提供的商品或服务，或对于这些数据主体在欧盟的行为进行监察。

- 由不在欧盟成立的组织处理欧盟内的数据主体的个人数据，该处理涉及监察该数据主体在欧盟内的行为。

- 由不在欧盟成立的组织处理个人数据，但由于国际公法而适用欧盟成员国法律的国家。

2. 重点二：与个人数据处理相关的基本原则 (GDPR 条款 5)

GDPR 提供了处理个人数据的七项基本原则[333, 335, 336, 338, 339]。

（1）合法、公平及透明原则。 就数据主体而言，个人数据应该以合法、公平及透明的方式处理。透明意味着有关个人数据处理的任何信息和沟通必须是容易进入且便于理解的，在这个方面，需要使用清楚明确的说明语言。这个原则确保了数据主体能够收到控制方的身份信息及个人数据的处理目的信息。

（2）目的限制原则。 个人数据的收集，应是为特定、明确及合法的目的，而非与该目的 ①不相容的方式作进一步处理。

---

① 为了公众利益、科学或历史研究或统计目的而进行的进一步处理，不被认为与最初目的不相容，因此是被允许的[335, 338, 339]。

（3）**数据最小化原则**。个人数据应该是充足、相关的，并且只限于与处理它们的目的有关的必要数据。

（4）**精确度原则**。个人数据应该是准确的，并且在必要时保持最新。考虑到处理目的，必须采取一切合理步骤以确保不准确的个人数据被删除或纠正，而不会造成任何延迟。

（5）**存储限制**。个人数据的保存形式应允许识别数据主体的时间不超过处理个人数据所需的时间。

（6）**完整性和机密性**。个人数据应以能保证合适的安全性的方式处理，包括使用适当的技术或组织手段，防止未经授权或非法的处理以及意外的丢失、毁坏或破坏。

（7）**责任性原则**。控制方应该负责、并能证明遵守以上六条数据保护原则（1）-（6）。

3. **重点三：数据主体的权利** (GDPR 条款 13 ～ 条款 22)

GDPR 定义了数据主体的八项权利[333, 335, 336, 338]。

（1）**知情权**。知情权包括数据主体有提供"公平信息处理"的义务，通常是通过隐私通知。它强调了在使用个人数据时对于透明性的需要。

（2）**访问权**。数据主体有权要求查阅其个人数据，并有权询问收集该数据的公司如何使用这些数据。如有需要，公司必须免费提供一份电子形式的个人数据副本。

（3）**整改权**。如个人数据不准确或不完整，数据主体有权要求更正。

（4）**删除权（即遗忘权）**。若没有正当理由继续处理个人数据，数据主体有权要求删除或除去个人数据。

（5）**限制处理权**。数据主体可要求不将其数据用于处理。它们的数据记录可以保留，但不得使用。

（6）**数据转移权**。数据主体有权将其数据从一个服务提供商转移至另一服务提供商。这个过程必须以常用且机器可读的方式进行。

（7）**反对权**。数据主体有权停止其数据的处理以作直接行销之用。此规则没有例外，任何处理必须在收到请求后立即停止。此外，这项权利必须在任何通信开始前向数据主体说明。

（8）**与自动决策和分析有关的权利**。当决策基于自动处理且对数据主体产生法律效果或类似的重大影响时，数据主体有权不受该决策的约束。

4. 重点四: 设计和默认的数据保护 (GDPR 条款 25)

在 GDPR 下，控制方一般有义务执行技术及组织措施（如假名化和数据最小化），以表明它在处理过程中已考虑并整合了数据保护。控制方应采取适当的技术及组织措施，确保在默认的情况下，只处理每一特定目标所需的个人数据。

5. 重点五: 违规通报 (GDPR 条款 33)

GDPR 要求所有组织向相关监管机关报告某些类型的数据泄露，在某些情况下，还要向受影响的个人报告。在 GDPR 中，如果数据泄露可能"导致个人权利和自由受到威胁"，所有成员国都必须发出违规通报。这必须在第一次发现漏洞后 72 小时内完成，数据处理方也被要求在第一次发现数据泄露后"不应有不当延误"地通知它们的用户和控制方。

6. 重点六: 违反 GDPR 的行政处罚 (GDPR 条款 83)

在 GDPR 中，对违反某些重要规定的罚款最高可达 2000 万欧元，或全球年营业额的 4%，以较高者为准。违反其他规定的罚款最高可达 1000 万欧元，或全球年营业额的 2%，以较高者为准。GDPR 的罚款远高于欧洲现行法律的罚款（例如，根据现行英国法律，罚款最高可达 55 万英镑[340]）。

最高罚款针对最严重的违规行为（例如，未经足够数量的用户同意便进行数据处理或违反"隐私设计"理念）。罚款方法是分级的，例如一家公司可能被处以全年营业额 2% 的罚款，因其记录不规范（参照 GDPR 条款 28），且没有通知监管机关及数据主体有关违规行为，或没有进行影响评估。需要注意的是，这些规定同时适用于控制方和处理方，基于云计算的数据处理也不能免于 GDPR 的执行。

A.1.3 GDPR 的影响

GDPR 让用户、承包商和员工对于自己的数据拥有了更多的权力，而收集和使用这些数据的组织则没有那么大的权力。在 GDPR 下，组织必须确保数据主体可以人为干涉自主决策的进行，以及获取自动决策的解释并提出质疑。GDPR 造成的影响是深远的。总体而言，GDPR 非常有利于个人数据拥有者。已经实施的新规允许用户发现谁拥有他们的数据、为什么拥有这些数据、数据存储在哪里以及谁正在访问和使用这些数据[341]。

1. GDPR 产生的积极影响[341]

（1）提高网络安全。虽然 GDPR 对用户隐私和数据安全有直接影响，但它也鼓励组织开发和改进网络安全措施，降低任何潜在的数据泄露风险。

（2）数据保护标准化。GDPR 确保一旦一个组织遵守 GDPR 的规定，它便可以在欧盟内自由地运作，而无须分别适应每个成员国的数据保护法规。

（3）品牌安全。如果一个组织能够成为遵守 GDPR 的可信的参与方，它可以更好地与客户建立长期互信互利的关系。

2. GDPR 产生的消极影响[341]

（1）未遵守惩罚。不遵守 GDPR 面临的后果是极其严重的，它鼓励组织付出更多的努力，认真考虑它们在欧盟内的数据保护责任。

（2）合规代价。大多数从任命一名数据保护干事开始，负责确保内部决策的更新和执行任何的必要措施。

（3）过度监管。 在表单中添加双重选择（opting-in），可以为现代客户提供一个持续的、可以用来表达同意加入的消息。这种机制给用户提供了一种持续存在的、可以选择的加入方式。用户可以在完全确定自己的兴趣之后再选择加入。这样一来，这种机制可能会导致一些用户会推迟自己选择加入的时间。

GDPR 对人工智能产业的影响是深远的。对于构建机器学习模型，我们目前正面临数据孤岛问题的挑战，但是在许多情况下，我们还可能会被禁止去收集和传输用于处理的数据[1]。换言之，GDPR 使得数据收集变得更为困难。对于与消费者有直接法律效应的数据处理的人工智能应用，例如信贷申请和职场监控，GDPR 将会限制人工智能在这些方面的使用。例如，根据 GDPR 的第 22 条和第 71 条，普通企业一般需要耗费大量时间，才可能得到所有用户明确的同意并记录下来[342]。

A.2　美国的数据保护法规

不同于欧盟，美国还没有单一的法律或条例来实施对一般数据的保护。在美国，有一些特定行业和特定媒介的用户隐私和数据安全国家法律和法规，适用于金融机构、电信公司、个人健康信息、信用报告信息、子女信息、电话营销和直接营销[10, 343]。美国在 50 个州和地区中也拥有数百条用户隐私和数据安全法律，比如数据保护的要求、数据的清理、隐私政策、社会安全号码的正确使用及数据泄露通告等。

美国的隐私法律是一个非常复杂的体系，包括涉及特定问题或行业的国家隐私法律和法规，涉及个人信息的隐私和安全的州法律，以及禁止不公平或欺骗性的数据使用的联邦和州禁令等[10]。

加利福尼亚州就是一个典型的例子。仅在加利福尼亚州就有超过 25 个用户隐私和数据安全法律，包括 2018 年颁布的《加利福尼亚州消费者隐私法》（California Consumer Privacy Act，CCPA），该法案于 2020 年 1 月 1 日生效[344]。CCPA 适用于多个行业，引入了广泛的定义和个人权利，并对个人信息的收集、使用和披露实施了实质性的要求和限制。CCPA 授予了消费者了解收集了什么信息以及与谁共享这些信息的权利，消费者还可以选择禁止科技公司出售他们的数据[344]。

美国联邦贸易委员会 (Federal Trade Commission，FTC) 对绝大多数商业实体拥有管辖权，有权在特定领域发布和执行隐私法规，例如电话营销、商业邮件及儿童隐私。FTC 可以采取法律措施，保护消费者免受不公平或欺骗性商业行为的侵害，包括实际的不公平的隐私和数据安全行为。此外，卫生保健、金融服务、电子信息和保险等特定部门的监管机构也有权就其管辖范围内的实体颁布和实施用户隐私和数据安全条例[10]。

A.3　中国的数据保护法规

近年来，人工智能研究和商业化在中国蓬勃发展，这在一定程度上要归功于中国政府的大力支持。在大力推广人工智能的同时，中国政府还出台了新的数据保护法律法规。中华人民共和国国家互联网信息办公室（Cyberspace Administration of China，CAC）是中华人民共和国（People's republic of China，PRC）的主要数据保护机构，同时还有执法监管部门，如公安部和其他行业监管机构会对数据保护进行监管和实施。如中国人民银行、中国银行保险监督管理委员会（简称中国银保监会）也会对银行和金融机构进行监管[10]。

与美国类似，中国也没有单一的完整的数据保护法律。《中华人民共和国民法通则》一般将数据保护权解释为名誉权或隐私权[10]。与数据保护相关的法律和条例是一个复杂框架的一部分，可以在各种法律和法规中找到[10]。以下是一些例子。

2014 年 3 月 15 日起生效的《中华人民共和国消费者权益保护法》(也称《消费者保护法》) 包含了数据保护义务，适用于绝大多数（如果不是所有的话）涉及消费者的个人数据的企业。2015 年 3 月 15 日起，《关于惩治侵犯消费者权益行为的措施》进一步补充了《消费者保护法》。此外，2016 年 8 月 5 日发布的《中华人民共和国消费者权益保护法实施条例（征求意见稿）》重申并明确了部分涉及消费者个人信息的数据保护义务[10]。

2016 年 11 月 7 日发布并于 2017 年 6 月 1 日起实施的《中华人民共和国网络安全法》，是第一部涉及网络安全和数据保护的国家级法律。它要求互联网企业不得泄露或篡改其收集的用户的个人信息，在与第三方进行数据交易时，必须确保拟议的合同遵守法律上的数据保护义务[1, 10]。

为贯彻实施《中华人民共和国网络安全法》，2017 年 12 月 29 日，中国发布了个人信息保护国家标准《信息安全技术　个人信息安全规范》(GB/T 35273—2017)，简称 PIS（Personal Information Security Specification）规范[54, 345]，于 2018 年 5 月 1 日实施。该标准 (尽管不具有法律约束力) 列出了对公司进行审计并执行中国现有数据保护规定的监管机构的期望最佳做法[54, 343]。

2018 年 8 月 31 日通过并于 2019 年 1 月 1 日实施的《中华人民共和国电子商务法》重申了在电子商务环境下保护个人信息的要求。这项新法规旨在帮助恢复中国被称为 "假冒伪劣商品的主要来源国" 的声誉，同时也涉及电子商务的其他重要方面，包括虚假广告、消费者保护、数据保护和网络安全。这部新法规的框架是十分全面的，例如一些内容涉及数据保护和促进消费者保护，以及对数据安全违规行为作出相应的民事处罚和刑事处罚。电子商务法将使电子商务公司更难从收集到的客户个人数据中获取附加价值。

中华人民共和国国家卫生健康委员会于 2018 年 7 月 12 日发布《国家健康医疗大数据标准、安全和服务管理办法（试行）》(简称《办法》)。在该《办法》中，健康与医疗大数据是指，在疾病防控或健康管理过程中产生的与健康和医疗相关的数据。医疗机构和有关单位是指，负责医疗卫生数据安全和应用管理的组织。卫生和医疗数据应安全存储在中国境内的可靠服务器上。如果需要将健康和医疗数据转移到海外，相关机构在选择服务代理时必须进行安全评估。负责单位应当保证受托人符合有关要求，并与选定的受托人共同承担责任。此外，中国正在通过《个人信息和重要数据出境安全评估办法 (征求意见稿)》和《信息安全技术　数据出境安全评估指南 (征求意见稿)》，制定个人信息和重要数据跨境传输规则[346]。

最后，随着人工智能在中国的迅速发展，新的数据保护法律法规也在不断涌现出来。例如，在 2019 年 5 月 28 日，国家互联网信息办公室发布了《数据安全管理办法 (征求意见稿)》，意见反馈截止时间为 2019 年 6 月 28 日。这些措施草案的发布，表明中国正持续努力落实《中华人民共和国网络安全法》中对数据保护的要求[347]。新措施草案纳入了标准和修正案草案（即 GB/T 35273—2017），并对"重要数据"的保护提出了一些新的要求。其中"重要数据"的定义是，如果数据泄露，可能直接影响中国的国家安全、经济安全、社会稳定、公共健康和安全的数据。这些措施草案旨在加强《中华人民共和国网络安全法》。

Bibliography
参 考 文 献

[1] YANG Q, LIU Y, CHEN T, et al. Federated machine learning: Concept and applications[A/OL]. arXiv.org (2019-02-13). http://arxiv.org/abs/1902.04885.

[2] Federated AI Technology Enabler (FATE)[A/OL]. WeBank AI Department (2020-03-07). https://github.com/FederatedAI/FATE.

[3] IEEE P3652.1-Guide for Architectural Framework and Application of Federated Machine Learning[A/OL]. IEEE Standards (2020-02-18). https://standards.ieee.org/project/3652_1.html.

[4] POUYANFAR S, SADIQ S, YAN Y, et al. A survey on deep learning: lgorithms, techniques, and applications[J]. ACM Computing Surveys, 2019, 51(5): 1–36.

[5] YU W, HATCHER W G. A survey of deep learning: Platforms, applications and emerging research trends[J]. IEEE Access, 2018, 6: 24411–24432.

[6] GOODFELLOW I, COURVILLE A, BENGIO Y. Deep Learning[M]: MIT Press, 2016.

[7] Trask A W. Grokking Deep Learning[M]: Manning Publications, 2019.

[8] HARTMANN F. Federated learning[A/OL]. GitHub (2018-05-09). https://florian.github.io/federated-learning/.

[9] The official GDPR website[A/OL]. EU Commission (2020-03-07). https://ec.europa.eu/commission/priorities/justice-and-fundamental-rights/data-protection/2018-reform-eu-data-protection-rules_en.

[10] Data protection laws of the world: Full handbook[A/OL]. DLA Piper (2020-03-07). https://www.dlapiperdataprotection.com/.

[11] Federated Learning White Paper V1.0[A/OL]. WeBank AI Department (2018-09-15). https://aisp-1251170195.cos.ap-hongkong.myqcloud.com/fedweb/1552917186945.pdf.

[12] MCMAHAN H B, MOORE E, RAMAGE D, et al. Communication-efficient learning of deep networks from decentralized data[A/OL]. arXiv.org (2016-02-28). https://arxiv.org/abs/1602.05629.

[13] MCMAHAN H B, MOORE E, RAMAGE D, et al. Federated learning of deep networks using model averaging[A/OL]. arXiv.org (2017-02-28). https://arxiv.org/abs/1602.05629v3.

[14] KONECNY J, MCMAHAN H B, YU F X, et al. Federated learning: Strategies for improving communication efficiency[A/OL]. arXiv.org (2017-10-30). http://arxiv.org/abs/1610.05492.

[15] KONECNY J, MCMAHAN H B, RAMAGE D, et al. Federated optimization: Distributed machine learning for on-device intelligence[A/OL]. arXiv.org (2016-10-08). http://arxiv.org/abs/1610.02527.

[16] HARTMANN F. Federated learning[A/OL]. Free University of Berlin (2018-08-20). https://www.mi.fu-berlin.de/inf/groups/ag-ti/theses/download/Hartmann_F18.pdf.

[17] LIU Y, YANG Q, CHEN T, et al. Tutorial on federated learning and transfer learning for privacy, security and confidentiality[C]. In Proc. of the 33rd AAAI Conference on Artificial Intelligence (AAAI'19), 2019.

[18] YANG T, ANDREW G, EICHNER H, et al. Applied federated learning: Improving Google keyboard query suggestions[A/OL]. arXiv.org (2018-12-07). http://arxiv.org/abs/1812.02903.

[19] HARD A, RAO K, MATHEWS R, et al. Federated learning for mobile keyboard prediction[A/OL]. arXiv.org (2019-02-28). http://arxiv.org/abs/1811.03604.

[20] CRAMER R, DAMGARD I, NIELSEN J B. Multiparty computation from threshold homomorphic encryption[C]. In Proc. of the International Conference on the Theory and Application of Cryptographic Techniques: Advances in Cryptology (EUROCRYPT'01), 2001.

[21] DAMGARD I, NIELSEN J B. Universally composable efficient multiparty computa-

tion from threshold homomorphic encryption[C]. In Proc. of Advances in Cryptology (CRYPTO'03), 2003.

[22] ZHAO Y, LI M, LAI L, et al. Federated learning with non-IID data[A/OL]. arXiv.org (2018-06-02). http://arxiv.org/abs/1806.00582.

[23] SATTLER F, WIEDEMANN S, MULLER K, et al. Robust and communication-efficient federated learning from non-IID data[A/OL]. arXiv.org (2019-03-07). http://arxiv.org/abs/1903.02891.

[24] VAN LIER S. Robustness of federated averaging for non-iid data[A/OL]. Radboud University (2018-08-21). https://www.cs.ru.nl/bachelors-theses/2018/Stan_van_Lier___4256166___Robustness_of_federated_averaging_for_non-IID_data.pdf.

[25] BHAGOJI A N, CHAKRABORTY S, MITTAL P, et al. Analyzing federated learning through an adversarial lens[A/OL]. arXiv.org (2019-11-25). http://arxiv.org/abs/1811.12470.

[26] HAN B. An overview of federated learning[A/OL]. Medium (2019-03-31). https://medium.com/datadriveninvestor/an-overview-of-federated-learning-8a1a62b0600d.

[27] KAIROUZ P, MCMAHAN H B, AVENT B, et al. Advances and Open Problems in Federated Learning[A/OL]. arXiv.org (2019-12-10). https://arxiv.org/abs/1912.04977.

[28] RASKAR O, GUPTA R. Distributed learning of deep neural network over multiple agents[J]. Journal of Network and Computer Applications, 2018, 116: 1–8.

[29] VEPAKOMMA P, SWEDISH T, RASKAR R, et al. No peek: A survey of private distributed deep learning[A/OL]. arXiv.org (2018-12-08). http://arxiv.org/abs/1812.03288.

[30] VEPAKOMMA P, GUPTA O, SWEDISH T, et al. Split learning for health: Distributed deep learning without sharing raw patient data[C]. In Proc. of ICLR Workshop on AI for social good, 2019.

[31] YANG W, FANG B. Privacy preserving decision tree learning over vertically partitioned data[C]. In Proc. of IEEE International Conference on Computer Science and Software Engineering, 2008.

[32] MOHASSEL P, ZHANG Y. SecureML: A system for scalable privacy-preserving machine learning[C]. In Proc. of Symposium on Security and Privacy (SP'17), 2017.

[33] XU K, YUE H, GUO L, et al. Privacy-preserving machine learning algorithms for big data systems[C]. In Proc. of the 35th international conference on distributed computing systems, 2015.

[34] VAIDYA J, CLIFTON C. Privacy preserving naive bayes classifier for vertically partitioned data[C]. In Proc. of the SIAM International Conference on Data Mining, 2004.

[35] PHONG L T, AONO Y, HAYASHI T, et al. Privacy-preserving deep learning via additively homomorphic encryption[J]. IEEE Transactions on Information Forensics and Security, 2018, 13(5): 1333–1345.

[36] PHONG L T. Privacy-preserving stochastic gradient descent with multiple distributed trainers[C]. In Proc. of the 11th International Conference on Network and System Security (NSS'17), 2017.

[37] LIU M, JIANG H, CHEN J, et al. A collaborative privacy-preserving deep learning system in distributed mobile environment[C]. In Proc. of the 2016 International Conference on Computational Science and Computational Intelligence (CSCI'16), 2016.

[38] MELIS L, SONG C, CRISTOFARO E D, et al. Exploiting unintended feature leakage in collaborative learning[A/OL]. arXiv.org (2018-11-01). https://arxiv.org/abs/1805.04049.

[39] ZHANG D, CHEN X, WANG D, et al. A survey on collaborative deep learning and privacy-preserving[C]. In Proc. of the 3rd International Conference on Data Science in Cyberspace (DSC'18), 2018.

[40] HITAJ B, ATENIESE G, PEREZCRUZ F. Deep models under the GAN: information leakage from collaborative deep learning[C]. In Proc. of the 2017 ACM SIGSAC Conference on Computer and Communications Security, 2017.

[41] LI M, ANDERSEN D G, PARK J W, et al. Scaling distributed machine learning with the parameter server[C]. In Proc. of the 11th USENIX conference on Operating Systems Design and Implementation (OSDI'14).

[42]   WANG S. Distributed machine learning[A/OL]. SlideShare (2016-01-27). https://
        www.slideshare.net/stanleywanguni/distributed-machine-learning?from_action=save.

[43]   刘铁岩, 陈薇, 王太峰, 等. 分布式机器学习: 算法、理论与实践 [M]. 北京: 机械工业出
        版社, 2018.

[44]   BEN-NUN T, HOEFLER T. Demystifying parallel and distributed deep learning: An
        in-depth concurrency analysis[A/OL]. arXiv.org (2018-09-15). https://arxiv.org/abs/
        1802.09941.

[45]   DEAN J, CORRADO G, MONGA R, et al. Large scale distributed deep network-
        s[C]. In Proc. of the 25th International Conference on Neural Information Processing
        Systems (NIPS'12), 2012.

[46]   LI T, SAHU A K, ZAHEER M, et al. Federated Optimization for Heterogeneous
        Networks[A/OL]. arXiv.org (2019-09-22). https://arxiv.org/abs/1812.06127.

[47]   XIE C, KOYEJO S, GUPTA I. Asynchronous federated optimization[A/OL]. arX-
        iv.org (2019-05-26). https://arxiv.org/abs/1903.03934.

[48]   MENDES R, VILELA J P. Privacy-preserving data mining: Methods, metrics, and
        applications[J]. IEEE Access, 2017, 5: 10562–10582.

[49]   BOGDANOV D, KAMM L, LAUR S, et al. Privacy-preserving statistical data analysis
        on federated databases[C]. In Proc. of Annual Privacy Forum, 2014.

[50]   MANGASARIAN O L, WILD E W, FUNG G M. Privacy-preserving classification of
        vertically partitioned data via random kernels[J]. ACM Transactions on Knowledge
        Discovery from Data (TKDD), 2008, 2(3): 1–16.

[51]   WILD E W, MANGASARIAN O L. Privacy-preserving classification of horizontally
        partitioned data via random kernels[C]. In Proc. of the 2008 International Conference
        on Data Mining (DMIN'08), 2008.

[52]   LI T, SAHU A K, TALWALKAR A, et al. Federated Learning: Challenges, Meth-
        ods, and Future Directions[A/OL]. arXiv.org (2019-08-21). https://arxiv.org/abs/
        1908.07873.

[53]   LI Q, WEN Z, HE B. Federated Learning Systems: Vision, Hype and Reality for
        Data Privacy and Protection[A/OL]. arXiv.org (2019-12-03). http://arxiv.org/abs/

1907.09693.

[54]   MANCUSO J, DECOSTE B, UHMA G. Privacy-preserving machine learning 2018: A year in review[A/OL]. Medium (2019-01-10). https://medium.com/dropoutlabs/privacy-preserving-machine-learning-2018-a-year-in-review-b6345a95ae0f.

[55]   CHENG K, FAN T, JIN Y, et al. Secureboost: A lossless federated learning framework[A/OL]. arXiv.org (2019-01-25). http://arxiv.org/abs/1901.08755.

[56]   LIU Y, CHEN T, YANG Q. Secure federated transfer learning[A/OL]. arXiv.org (2018-12-08). http://arxiv.org/abs/1812.03337.

[57]   ZHUO H H, FENG W, XU Q, et al. Federated Reinforcement Learning[A/OL]. arXiv.org (2020-02-09). https://arxiv.org/abs/1901.08277.

[58]   SMITH V, CHIANG C -K, SANJABI M, et al. Federated multi-task learning[C]. In Proc. of International Conference on Neural Information Processing Systems (NIPS'17), 2017.

[59]   SHELLER M J, REINA G A, EDWARDS B, et al. Multi-institutional deep learning modeling without sharing patient data: A feasibility study on brain tumor segmentation[C]. In Proc. of International MICCAI Brainlesion Workshop, 2018.

[60]   LIU D, MILLER T, SAYEED R, et al. FADL: federated-autonomous deep learning for distributed electronic health record[A/OL]. arXiv.org (2018-12-03). http://arxiv.org/abs/1811.11400.

[61]   LIU L, HUANG D. Patient clustering improves efficiency of federated machine learning to predict mortality and hospital stay time using distributed electronic medical records[A/OL]. arXiv.org (2019-12-14). http://arxiv.org/abs/1903.09296.

[62]   CHEN M, MATHEWS R, OUYANG T, et al. Federated learning Of out-of-vocabulary words[A/OL]. arXiv.org (2019-03-26). https://arxiv.org/abs/1903.10635.

[63]   AMMAD-UD-DIN M, IVANNIKOVA E, KHAN S A, et al. Federated collaborative filtering for privacy-preserving personalized recommendation system[A/OL]. arXiv.org (2019-01-29). http://arxiv.org/abs/1901.09888.

[64]   BONAWITZ K, EICHNER H, GRIESKAMP W, et al. Towards federated learning at scale: System design[A/OL]. arXiv.org (2019-03-22). https://arxiv.org/abs/

1902.01046.

[65]　CHEN F, DONG Z, LI Z, et al. Federated meta-learning for recommendation[A/OL]. arXiv.org (2019-12-14). http://arxiv.org/abs/1802.07876.

[66]　The Federated AI Ecosystem[M/OL]. WeBank AI Department (2020-03-07). https:// www.fedai.org/.

[67]　Tensorflow Federated (TFF): Machine learning on decentralized data[A/OL]. Google. https://www.tensorflow.org/federated.

[68]　OSTROWSKI A, INGERMAN K. Introducing tensorflow federated[J/OL]. Medium (2019-03-01). https://medium.com/tensorflow/introducing-tensorflow-federated-a414 7aa20041.

[69]　Tensorflow/Federated[J/OL]. Google (2020-02-18). https://github.com/tensorflow/ federated.

[70]　TensorFlow/Encrypted[J/OL]. Google (2019-09-01). https://github.com/tf-encrypted/ tf-encrypted.

[71]　Machine Learning Network for Deep Learning[A/OL]. coMind (2020-03-07). https:// comind.org/.

[72]　COMINDORG. A set of tutorials to implement the Federated Averaging algorithm on TensorFlow[A/OL]. https://github.com/coMindOrg/federated-averaging-tutorials.

[73]　YU H, YANG S, ZHU S. Parallel restarted SGD with faster convergence and less communication: Demystifying why model averaging works for deep learning[A/OL]. arXiv.org (2018-11-16). https://arxiv.org/abs/1807.06629.

[74]　Horovod: Distributed training framework for TensorFlow, Keras, PyTorch, and A-pache MXNet[A/OL]. Uber (2020-02-18). https://github.com/horovod/horovod.

[75]　SERGEEV A, BALSO M D. Horovod: Fast and easy distributed deep learning in TensorFlow[A/OL]. arXiv.org (2018-02-21). https://arxiv.org/abs/1802.05799.

[76]　OpenMined Website[A/OL]. OpenMined (2020-03-07). https://www.openmined.org/.

[77]　RYFFEL T, TRASK A, DAHL M, et al. A generic framework for privacy preserving deep learning[A/OL]. arXiv.org (2018-11-13). http://arxiv.org/abs/1811.04017.

[78] OPENMINED. OpenMined/PySyft: A library for encrypted, privacy preserving machine learning[A/OL]. GitHub (2020-03-07). https://github.com/openmined/pysyft.

[79] RYFFEL T. Federated learning with PySyft and PyTorch[A/OL]. OpenMined (2019-03-01). https://blog.openmined.org/upgrade-to-federated-learning-in-10-lines/.

[80] WESTIN A F. Privacy and freedom[J]. Washington Lee Law Review, 1968, 25 (1): 1–6.

[81] BARRENO M, NELSON B, SEARS R, et al. Can machine learning be secure[C]. In Proc. of the 2006 ACM Symposium on Information, computer and communications security, 2006.

[82] AONO Y, HAYASHI T, WANG L, et al. Privacy-preserving deep learning via additively homomorphic encryption[J]. IEEE Transactions on Information Forensics and Security, 2018, 13 (5): 1333–1345.

[83] MATT FREDRIKSON, SOMESH JHA, THOMAS RISTENPART. Model inversion attacks that exploit confidence information and basic countermeasure[C]. In Proc. of the 22nd ACM SIGSAC Conference on Computer and Communications Security, 2015.

[84] AL-RUBAIE M, CHANG J M. Reconstruction attacks against mobile-based continuous authentication systems in the cloud[J]. IEEE Transactions on Information Forensics and Security, 2016, 11. (12): 2648–2663.

[85] PEICHEN XIE, BINGZHE WU, GUANGYU SUN. BAYHENN: combining bayesian deep learning and homomorphic encryption for secure DNN inference[C]. In Proc. of the 28th International Joint Conference on Artificial Intelligence (IJCAI'19), 2019.

[86] NARAYANAN A, SHMATIKOV V. Robust de-anonymization of large datasets (how to break anonymity of the netflix prize dataset)[J]. Technical Report (University of Texas at Austin), 2008.

[87] LINDELL Y. Secure multiparty computation for privacy preserving data mining[J]. Encyclopedia of Data Warehousing and Mining, 2005: 1005–1009.

[88] LINDELL Y, PINKAS B. Secure multiparty computation for privacy-preserving data mining[J]. IACR Cryptology ePrint Archive, 2009, 1(1): 59–98.

[89]　YAO A C. Protocols for secure computations[C]. In Proc. of the 23rd Annual Symposium on Foundations of Computer Science, 1982.

[90]　LINDELL Y. How to simulate it – A tutorial on the simulation proof technique[J]. Tutorials on the Foundations of Cryptography, Information Security and Cryptography, 2017: 277–346.

[91]　GOLDREICH O, MICALI S, WIGDERSON A. How to play any mental game[C]. In Proc. of the nineteenth annual ACM symposium on Theory of computing, 1987.

[92]　KELLER M, ORSINI E, SCHOLL P. Mascot: Faster malicious arithmetic secure computation with oblivious transfer[C]. In Proc. of the 2016 ACM SIGSAC Conference on Computer and Communications Security (CSS'16), 2016.

[93]　SHAMIR A. How to share a secret[J]. Communications of the ACM, 1979, 22 (11): 612–613.

[94]　RABIN T, BEN-OR M. Verifiable secret sharing and multiparty protocols with honest majority[C]. In Proc. of the 21st Annual ACM Symposium on Theory of Computing (STOC'89), 1989.

[95]　RABIN M O. How to exchange secrets with oblivious transfer[J]. Technical Report (Harvard University), 2005.

[96]　ISHAI Y, PRABHAKARAN M, SAHAI A. Founding cryptography on oblivious transfer – efficiently[C]. In Proc. of Advances in Cryptology (CRYPTO'08), 2008.

[97]　BELLARE M, MICALI S. Non-interactive oblivious transfer and applications[C]. In Proc. of Advances in Cryptology (CRYPTO'89), 1990.

[98]　NAOR M, PINKAS B. Efficient oblivious transfer protocols[C]. In Proc. of the 12th annual ACM-SIAM symposium on Discrete algorithms, 2001.

[99]　LINDELL Y, HAZAY C. Efficient secure two-party protocols: Techniques and constructions [M]. Berlin Heidelberg: Springer, 2010.

[100]　DIFFIE W, HELLMAN M E. New directions in cryptography[J]. IEEE Trans. Information Theory, 1976, 22(6): 644–654.

[101]　YAKOUBOV S. A gentle introduction to Yao's garbled circuits[A/OL]. http://web.mit.edu/sonka89/www/papers/2017ygc.pdf.

[102] IMPAGLIAZZO R, RUDICH S. Limits on the provable consequences of one-way permutations[C]. In Proc. of the Twenty-first Annual ACM Symposium on Theory of Computing (STOC'89), 1989.

[103] BEAVER D. Correlated pseudorandomness and the complexity of private computations[C]. In Proc. of the 28th annual ACM symposium on Theory of Computing.

[104] DEMMLER D, SCHNEIDER T, ZOHNER M. Aby-a framework for efficient mixed-protocol secure two-party computation[C]. In Proc. of the 2015 NDSS Symposium, 2015.

[105] BEIMEL A. Secret-sharing schemes: A survey[C]. In Proc. of the International Conference on Coding and Cryptology, 2011.

[106] TUTDERE S, UZUNKO O. Construction of arithmetic secret sharing schemes by using torsion limits[A/OL]. arXiv.org (2016-01-12). https://arxiv.org/abs/1506.06807.

[107] DAMGARD I, PASTRO V, SMART N P, et al. Multiparty computation from somewhat homomorphic encryption[C]. In Proc. of Advances in Cryptology (CRYPTO'12), 2012.

[108] WANG D, ZHANG L, MA N, et al. Two secret sharing schemes based on boolean operation[J]. Pattern Recognition, 2007, 40 (10): 2776–2785.

[109] BEAVER D. Efficient multiparty protocols using circuit randomization[C]. In Proc. of the Annual International Cryptology Conference, 1991.

[110] GILBOA N. Two party RSA key generation[C]. In Proc. of Annual International Cryptology Conference, 1999.

[111] DAMGARD I, KELLER M, LARRAIA E, et al. Practical covertly secure MPC for dishonest majority – or: Breaking the SPDZ limits[C]. In Proc. of European Symposium on Research in Computer Security (ESORICS'13), 2013.

[112] KELLER M, PASTRO V, ROTARU D. Overdrive: Making SPDZ great again[C]. In Proc. of Advances in Cryptology (CRYPTO'18), 2018: 158–189.

[113] ROUHANI B D, RIAZI M S, KOUSHANFAR F. DeepSecure: Scalable provably-secure deep learning[A/OL]. arXiv.org (2017-05-24). https://arxiv.org/abs/1705.08963.

[114] LINDELL Y, PINKAS B. Privacy preserving data mining[J]. Journal of Cryptology, 2002, 15 (3): 177–206.

[115] BONAWITZ K, IVANOV V, KREUTER B, et al. Practical secure aggregation for privacy-preserving machine learning[C]. In Proc. of the ACM SIGSAC Conference on Computer and Communications Security (CCS'17), 2017.

[116] CHEN V, PASTRO V, RAYKOVA M. Secure computation for machine learning with SPDZ[A/OL]. arXiv.org (2019-01-02). https://arxiv.org/abs/1901.00329.

[117] DAMGARD I, ESCUDERO D, FREDERIKSEN T, et al. New primitives for actively-secure MPC over rings with applications to private machine learning[J]. IACR Cryptology ePrint Archive, 2019: 1–21.

[118] CRAMER R, DAMGARD I, ESCUDERO D, et al. SPDZtextsubscript2textsuperscriptk: Efficient MPC mod 2k for dishonest majority[C]. In Proc. of Annual International Cryptology Conference, 2018.

[119] RIVEST R L, ADLEMAN L, DERTOUZOS M L, et al. On data banks and privacy homomorphisms[J]. Foundations of secure computation, 1978, 4 (11): 169–180.

[120] GOLDWASSER S, MICALI S. Probabilistic encryption & how to play mental poker keeping secret all partial information[C]. In Proc. of the fourteenth annual ACM symposium on Theory of computing, 1982.

[121] PAILLIER P. Public-key cryptosystems based on composite degree residuosity classe[C]. In Proc. of International Conference on the Theory and Applications of Cryptographic Techniques, 1999.

[122] BONEH D, GOH E J, NISSIM K. Evaluating 2-DNF formulas on ciphertexts[C]. In Proc. of Theory of Cryptography Conference, 2005.

[123] GENTRY C. Fully homomorphic encryption using ideal lattices[C]. In Proc. of the forty-first annual ACM symposium on Theory of computing, 2009.

[124] ARMKNECHT F, BOYD C, CARR C, et al. A guide to fully homomorphic encryption: volume 2015[A]. IACR Cryptology ePrint Archive, 2015: 1–35.

[125] ACAR A, AKSU H, ULUAGAC A S, et al. A survey on homomorphic encryption schemes: Theory and implementation[J]. ACM Computing Surveys, 2018, 51 (4): 1–

35.

[126] RIVEST R L, SHAMIR A, ADLEMAN L. A method for obtaining digital signatures and public-key cryptosystems[J]. Communications of the ACM, 1978, 21 (2): 120–126.

[127] ELGAMAL T. A public key cryptosystem and a signature scheme based on discrete logarithms[J]. IEEE Transactions on Information Theory, 1985, 31 (4): 469–472.

[128] ISHAI Y, PASKIN A. Evaluating branching programs on encrypted data[C]. In Proc. of Theory of Cryptography, 2007: 575–594.

[129] BRAKERSKI Z, VAIKUNTANATHAN V. Efficient fully homomorphic encryption from (standard) LWE[C]. In Proc. of the 52nd IEEE Annual Symposium on Foundations of Computer Science, 2011.

[130] DIJK M V, GENTRY C, HALEVI S, et al. Fully homomorphic encryption over the integers[C]. In Proc. of Annual International Conference on the Theory and Applications of Cryptographic Techniques, 2010.

[131] LYUBASHEVSKY V, PEIKERT C, REGEV O. On ideal lattices and learning with errors over rings[C]. In Proc. of Annual International Conference on the Theory and Applications of Cryptographic Techniques, 2010.

[132] BRAKERSKI Z, GENTRY C, VAIKUNTANATHAN V. Fully homomorphic encryption without bootstrapping[J]. IACR Cryptology ePrint Archive, 2011: 1–27.

[133] LOPEZ-ALT A, TROMER E, VAIKUNTANATHAN V. On-the-fly multiparty computation on the cloud via multikey fully homomorphic encryption[C]. In Proc. of the 44th annual ACM symposium on Theory of computing, 2012.

[134] HARDY S, HENECKA W, IVEY-LAW H, et al. Private federated learning on vertically partitioned data via entity resolution and additively homomorphic encryption[A/OL]. arXiv.org (2017-11-29). https://arxiv.org/abs/1711.10677.

[135] GILAD-BACHRACH R, DOWLIN N, LAINE K, et al. CryptoNets: Applying neural networks to encrypted data with high throughput and accuracy[C]. In Proc. of International Conference on Machine Learning, 2016.

[136] HESAMIFARD E, TAKABI H, GHASEMI M. CryptoDL: Deep neural networks over encrypted data[A/OL]. arXiv.org (2017-11-14). https://arxiv.org/abs/1711.05189.

[137] JUVEKAR C, VAIKUNTANATHAN V, CHANDRAKASAN A. Gazelle: A low latency framework for secure neural network inference[C]. In Proc. of USENIX Security Symposium, 2018.

[138] CHAI D, WANG L, CHEN K, et al. Secure federated matrix factorization[A/OL]. arXiv.org (2019-06-12). https://arxiv.org/abs/1906.05108.

[139] DWORK C, MCSHERRY F, NISSIM K, et al. Calibrating noise to sensitivity in private data analysis[C]. In Proc. of Theory of cryptography conference, 2006.

[140] DWORK C, FELDMAN V, HARDT M, et al. Preserving Statistical Validity in Adaptive Data Analysi[A/OL]. arXiv.org (2016-03-02). https://arxiv.org/abs/1411.2664.

[141] JAYARAMAN B, EVANS D. When relaxations go bad: Differentially-private machine learning[A/OL]. arXiv.org (2019-08-12). https://arxiv.org/abs/1902.08874.

[142] MCSHERRY F, TALWAR K. Mechanism design via differential privacy[C]. In Proc. of the 48th Annual IEEE Symposium on Foundations of Computer Science (FOCS'07), 2007.

[143] DWORK C, KENTHAPADI K, MCSHERRY F, et al. Our data, ourselves: Privacy via distributed noise generation[C]. In Proc. of Annual International Conference on the Theory and Applications of Cryptographic Techniques, 2006.

[144] DWORK C, NISSIM K. Privacy-preserving data mining on vertically partitioned databases[C]. In Proc. of Annual International Cryptology Conference, 2004.

[145] DWORK C, ROTH A. The algorithmic foundations of differential privacy[J]. Foundations and Trends in Theoretical Computer Science, 2014, 9 (3): 211–407.

[146] PAPERNOT N, ABADI M, ERLINGSSON U, et al. Semi-supervised knowledge transfer for deep learning from private training data[A/OL]. arXiv.org (2017-03-03). http://arxiv.org/abs/1610.05755.

[147] PAPERNOT N, SONG S, MIRONOV I, et al. Scalable private learning with pate[A/OL]. arXiv.org (2018-02-24). http://arxiv.org/abs/1802.08908.

[148] ABADI M, CHU A, GOODFELLOW I, et al. Deep learning with differential privacy[C]. In Proc. of the 2016 ACM SIGSAC Conference on Computer and Communications Security, 2016.

[149] MCMAHAN H B, RAMAGE D, TALWAR K, et al. Learning differentially private recurrent language models[A/OL]. arXiv.org (2018-02-24). https://arxiv.org/abs/1710.06963.

[150] PHAN N, WU X, DOU D. Preserving differential privacy in convolutional deep belief networks[J]. Machine Learning, 2017, 106 (9): 1681–1704.

[151] TRIASTCYN A, FALTINGS B. Generating differentially private datasets using GANs [A/OL]. arXiv.org (2019-04-28). https://arxiv.org/abs/1803.03148v3.

[152] YU L, LIU L, PU C, et al. Differentially private model publishing for deep learning[A/OL]. arXiv.org (2019-12-19). https://arxiv.org/abs/1904.02200.

[153] PHONG L T, PHUONG T T. Privacy-preserving deep learning via weight transmission[A/OL]. arXiv.org (2019-02-12). https://arxiv.org/abs/1809.03272.

[154] FEUNTEUN Y. Parallel and distributed deep learning: A survey[A/OL]. Towards Data Science (2019-04-29). https://towardsdatascience.com/parallel-and-distributed-deep-learning-a-survey-97137ff94e4c.

[155] GALAKATOS A, CROTTY A, KRASKA T. Distributed machine learning[J]. Encyclopedia of Database Systems, 2018.

[156] BEKKERMAN R, BILENKO M, LANGFORD J. Scaling up machine learning: Parallel and distributed approaches[M]. Cambridge University Press, 2012.

[157] CHEN J, PAN X, MONGA R, et al. Revisiting distributed synchronous SGD[A/OL]. arXiv.org (2017-03-21). http://arxiv.org/abs/1604.00981.

[158] DEVLIN J, CHANG M W, LEE K, et al. BERT: Pre-training of deep bidirectional transformers for language understanding[A/OL]. arXiv.org (2019-05-24). https://arxiv.org/abs/1810.04805.

[159] Apache Spark MLlib[A/OL]. Apache (2020-02-08). https://spark.apache.org/mllib/.

[160] Apache DeepSpark[A/OL]. Apache (2020-02-18). http://deepspark.snu.ac.kr/.

[161] LOW Y, GONZALEZ J, KYROLA A, et al. GraphLab: A new framework for parallel machine learning[A/OL]. arXiv.org (2010-06-25). https://arxiv.org/abs/1006.4990.

[162] Turi Create simplifies the development of custom machine learning models[A/OL]. Turi (2020-03-07). https://github.com/apple/turicreate.

[163] Apache Spark GraphX[A/OL]. Apache (2020-03-17). https://spark.apache.org/docs/latest/graphx-programming-guide.html.

[164] MALEWICZ G, AUSTERN M H, BIK A J C, et al. Pregel: A system for large-scale graph processing[C]. In Proc. of the ACM SIGMOD International Conference on Management of Data (SIGMOD'10), 2010.

[165] Distributed Machine Learning Toolkit (DMTK)[A/OL]. Microsoft (2020-03-07). http://www.dmtk.io/.

[166] Distributed Training in TensorFlow[A/OL]. Google (2020-03-07). https://www.tensorflow.org/guide/distributed_training.

[167] ARNOLD S. Writing Distributed Applications with PyTorch[A/OL]. PyTorch.org (2020-03-07). https://pytorch.org/tutorials/intermediate/dist_tuto.html.

[168] JIA Z, ZAHARIA M, AIKEN A. Beyond data and model parallelism for deep neural networks[C]. In Proc. of the Conference on Systems and Machine Learning (SysML'19), 2019.

[169] DAS A. Distributed training of deep learning models with PyTorch[A/OL]. Medium (2019-04-10). https://medium.com/intel-student-ambassadors/distributed-training-of-deep-learning-models-with-pytorch-1123fa538848.

[170] FUKUDA K. Technologies behind Distributed Deep Learning: AllReduce[A/OL]. Preferred Networks (2018-07-10). https://preferredresearch.jp/2018/07/10/technologies-behind-distributed-deep-learning-allreduce/.

[171] Apache Hadoop MapReduce[A/OL]. Apache (2020-02-18). https://hadoop.apache.org/docs/r2.8.0/hadoop-mapreduce-client/hadoop-mapreduce-client-core/MapReduceTutorial.html.

[172] CHILIMBI T, SUZUE Y, APACIBLE J, et al. Project Adam: Building an efficient and scalable deep learning training system[C]. In Proc. of the 11th USENIX conference on Operating Systems Design and Implementation (OSDI'14), 2014.

[173] GAUNT A L, JOHNSON M A, LAWRENCE A, et al. AMPNet: Asynchronous model-parallel training for dynamic neural networks[C]. In Proc. of the 6th International Conference on Learning Representations, 2018.

[174] JIA Z, LIN S, QI C R, et al. Exploring hidden dimensions in accelerating convolutional neural networks[C]. In Proc. of the 35th International Conference on Machine Learning (ICML'18), 2018.

[175] KIM H, PARK J, JANG J, et al. Deepspark: Spark-based deep learning supporting asynchronous updates and Caffe compatibility[A/OL]. arXiv.org (2016-10-01). https://arxiv.org/abs/1602.08191.

[176] ZHANG Z, CUI P, ZHU W. Deep learning on graphs: A survey[A/OL]. arXiv.org (2019-11-11). https://arxiv.org/abs/1812.04202.

[177] TIAN X, XIE B, ZHAN J. Cymbalo: An efficient graph processing framework for machine learning[C]. In Proc. of IEEE International Conference on Parallel and Distributed Processing, 2018.

[178] XIAO W, XUE J, MIAO Y, et al. Tuxtextsuperscript2: Distributed graph computation for machine learning[C]. In Proc. of the 14th USENIX Symposium on Networked Systems Design and Implementation (NSDI'17), 2017.

[179] Apache Storm[A/OL]. Apache (2020-02-18). https://storm.apache.org/.

[180] Apache Hadoop YARN[A/OL]. Apache (2020-02-18). https://hadoop.apache.org/docs/current/hadoop-yarn/hadoop-yarn-site/YARN.html.

[181] BOEHM M, TATIKONDA S, REINWALD B, et al. Hybrid parallelization strategies for large-scale machine learning in SystemML[C]. In Proc. of VLDB Endowment, 2016.

[182] PANSARE N, DUSENBERRY M, JINDAL N, et al. Deep learning with Apache SystemML[A/OL]. arXiv.org (2018-02-08). https://arxiv.org/abs/1802.04647.

[183] SHRIVASTAVA D, CHAUDHURY S, JAYADEVA. A data and model-parallel, distributed and scalable framework for training of deep networks in Apache Spark[A/OL]. arXiv.org (2017-08-19). https://arxiv.org/abs/1708.05840.

[184] WANG M, HUANG C -C, LI J. Unifying data, model and hybrid parallelism in deep learning via tensor tiling[A/OL]. arXiv.org (2018-05-10). https://arxiv.org/abs/1805.04170.

[185] KRIZHEVSKY A. One weird trick for parallelizing convolutional neural networks[A/

OL]. arXiv.org (2014-04-26). https://arxiv.org/abs/1404.5997.

[186] SONG L, MAO J, ZHUO Y, et al. HyPar: Towards hybrid parallelism for deep learning accelerator array[C]. In Proc. of the 25th International Symposium on High-Performance Computer Architecture, 2019.

[187] QUINLAN J. Induction of decision trees[J]. Machine Learning, 1986: 81–106.

[188] WANG K, XU Y, SHE R, et al. Classification spanning private databases[C]. In Proc. of the International Conference on Artificial Intelligence, 2006.

[189] DU W, ZHAN Z. Building decision tree classifier on private data[C]. In Proc. of the IEEE international conference on Privacy, security and data mining, 2002.

[190] JAGANNATHAN G, PILLAIPAKKAMNATT K, WRIGHT R N. A practical differentially private random decision tree classifier[C]. In Proc. of IEEE International Conference on Data Mining Workshops, 2009.

[191] CHAUDHURI K, MONTELEONI C. Privacy-preserving logistic regression[C]. In Proc. of the 21st International Conference on Neural Information Processing Systems (NIPS'08), 2008.

[192] DWORK C. Differential privacy: A survey of results[C]. In Proc. of the 5th International Conference on Theory and Applications of Models of Computation (TAMC'08), 2008.

[193] SONG S, CHAUDHURI K, SARWATE A D. Stochastic gradient descent with differentially private updates[C]. In Proc. of Global Conference on Signal and Information Processing, 2013.

[194] SHOKRI R, SHMATIKOV V. Privacy-preserving deep learning[C]. In Proc. of the ACM SIGSAC Conference on Computer and Communications Security (CCS'15), 2015.

[195] DWORK C. A firm foundation for private data analysis[J]. Communications of the ACM, 2011, 54 (1): 86–95.

[196] PARK M, FOULDS J, CHAUDHURI K, et al. DP-EM: differentially private expectation maximization[A/OL]. arXiv.org (2016-10-31). http://arxiv.org/abs/1605.06995.

[197] AONO Y, HAYASHI T, TRIEU PHONG L, et al. Scalable and secure logistic regression via homomorphic encryption[C]. In Proc. of the 6th ACM Conference on Data and Application Security and Privacy, 2016.

[198] FIENBERG S E, FULP W J, SLAVKOVIC A B, et al. Secure log-linear and logistic regression analysis of distributed databases[C]. In Proc. of International Conference on Privacy in Statistical Databases, 2006.

[199] SLAVKOVIC A B, NARDI Y, TIBBITS M M. Secure logistic regression of horizontally and vertically partitioned distributed databases[C]. In Proc. of the 7th International Conference on Data Mining Workshops (ICDMW'7), 2007.

[200] YU H, JIANG X, VAIDYA J. Privacy-preserving SVM using nonlinear kernels on horizontally partitioned data[C]. In Proc. of the 2006 ACM symposium on Applied computing, 2006.

[201] ZHAN J, MATWIN S. Privacy-preserving support vector machine classification[J]. International Journal of Intelligent Information and Database Systems, 2007, 1 (3): 356–385.

[202] LIN X, CLIFTON C, ZHU M. Privacy-preserving clustering with distributed EM mixture modeling[J]. Knowledge and information systems, 2005, 8 (1): 68–81.

[203] BONAWITZ K, IVANOV V, KREUTER B, et al. Practical secure aggregation for federated learning on user-held data[A/OL]. arXiv.org (2016-11-14). http://arxiv.org/abs/1611.04482.

[204] WAN L, NG W K, HAN S, et al. Privacy-preservation for gradient descent methods[C]. In Proc. of the 13th ACM SIGKDD international conference on Knowledge discovery and data mining, 2007.

[205] DU W, HAN Y S, CHEN S. Privacy-preserving multivariate statistical analysis: Linear regression and classification[C]. In Proc. of the SIAM international conference on data mining, 2004.

[206] JIN H, ZHU Y. Multi-objective evolutionary federated learning[A/OL]. arXiv.org (2019-06-08). http://arxiv.org/abs/1812.07478v2.

[207] JIANG L, TAN R, LOU X, et al. On lightweight privacy-preserving collaborative

learning for internet-of-things objects[C]. In Proc. of the International Conference on Internet of Things Design and Implementation (IoTDI'19), 2019.

[208] WAGH S, GUPTA D, CHANDRAN N. SecureNN: Efficient and private neural network training[J]. IACR Cryptology ePrint Archive, 2018: 1–24.

[209] LIN Y, HAN S, MAO H, et al. Deep gradient compression: Reducing the communication bandwidth for distributed training[C]. In Proc. of International Conference on Learning Representations, 2018.

[210] SU H, CHEN H. Experiments on parallel training of deep neural network using model averaging[A/OL]. arXiv.org (2018-07-01). https://arxiv.org/abs/1507.01239.

[211] TANG H, YU C, RENGGLI C, et al. Distributed learning over unreliable networks[A/OL]. arXiv.org (2019-05-16). https://arxiv.org/abs/1810.07766.

[212] XU K, MI H, FENG D, et al. Collaborative deep learning across multiple data centers[A/OL]. arXiv.org (2018-10-16). https://arxiv.org/abs/1810.06877.

[213] CANO I, WEIMER M, MAHAJAN D, et al. Towards geo-distributed machine learning[A/OL]. arXiv.org (2016-03-30). https://arxiv.org/abs/1603.09035.

[214] HSIEH K, HARLAP A, VIJAYKUMAR N, et al. Gaia: Geo-distributed machine learning approaching lan speeds[C]. In Proc. of the 14th USENIX Symposium on Networked Systems Design and Implementation (NSDI'17), 2017.

[215] HO Q, CIPAR J, CUI H, et al. More effective distributed machine learning via a stale synchronous parallel parameter server[C]. In Proc. of the 26th International Conference on Neural Information Processing Systems (NIPS'13), 2013.

[216] ZANTEDESCHI V, BELLET A, TOMMASI M. Fully decentralized joint learning of personalized models and collaboration graphs[A/OL]. arXiv.org (2019-06-03). https://arxiv.org/abs/1901.08460.

[217] CHANG K, BALACHANDAR N, LAM C, et al. Distributed deep learning networks among institutions for medical imaging[J]. Journal of the American Medical Informatics Association, 2018, 25 (8): 945–954.

[218] CHANG K, BALACHAN N, LAM C K, et al. Institutionally distributed deep learning networks[A/OL]. arXiv.org (2017-09-10). https://arxiv.org/abs/1709.05929.

[219] HEGEDUS I, DANNER G, JELASITY M. Gossip learning as a decentralized alternative to federated learning[C]. In Proc. of the 14th International Federated Conference on Distributed Computing Techniques, 2019.

[220] HARDY C, LE MERRER E, SERICOLA B. Gossiping GANs: Position paper[C]. In Proc. of the 2nd Workshop on Distributed Infrastructures for Deep Learning, 2018.

[221] DAILY J, VISHNU A, SIEGEL C, et al. GossipGraD: Scalable deep learning using gossip communication based asynchronous gradient descent[A/OL]. arXiv.org (2018-03-15). http://arxiv.org/abs/1803.05880.

[222] LIU Y, LIU J, BASAR T. Differentially private gossip gradient descent[C]. In Proc. of IEEE Conference on Decision and Control (CDC'18), 2018.

[223] HADDADPOUR F, KAMANI M M, MAHDAVI M, et al. Local SGD with periodic averaging: Tighter analysis and adaptive synchronization[A/OL]. arXiv.org (2019-10-30). https://arxiv.org/abs/1910.13598.

[224] LIU D, MILLER T, SAYEED R, et al. FADL: Federated-autonomous deep learning for distributed electronic health record[A/OL]. arXiv.org (2018-12-03). https://arxiv.org/abs/1811.11400.

[225] DUAN M. Astraea: Self-balancing federated learning for improving Classification Accuracy of Mobile Deep Learning Applications[A/OL]. arXiv.org (2019-07-02). https://arxiv.org/abs/1907.01132.

[226] CHEN X, CHEN T, SUN H, et al. Distributed training with heterogeneous data: Bridging median-and mean-based algorithms[A/OL]. arXiv.org (2019-06-06). https://arxiv.org/abs/1906.01736.

[227] LI L, XU W, CHEN T, et al. RSA: Byzantine-robust stochastic aggregation methods for distributed learning from heterogeneous datasets[A/OL]. arXiv.org (2018-11-11). https://arxiv.org/abs/1811.03761.

[228] ZHANG A, LIPTON Z C, LI M, et al. Dive into deep learning[M/OL]. D2L.ai, 2019. https://en.d2l.ai/d2l-en.pdf.

[229] IOFFE S, SZEGEDY C. Batch normalization: Accelerating deep network training by reducing internal covariate shift[C]. In Proc. of the 32nd International Conference on

Machine Learning (ICML'15), 2015.

[230] GOODFELLOW I J, VINYALS O, SAXE A M. Qualitatively characterizing neural network optimization problems[A/OL]. arXiv.org (2015-05-21). https://arxiv.org/abs/1412.6544.

[231] SRIVASTAVA N, HINTON G, KRIZHEVSKY A, et al. Dropout: A simple way to prevent neural networks from overfitting[J]. Journal of Machine Learning Research, 2014, 15: 1929–1958.

[232] HAN S, MAO H, DALLY W J. Deep compression: Compressing deep neural networks with pruning, trained quantization and huffman coding[A/OL]. arXiv.org (2016-02-15). https://arxiv.org/abs/1510.00149.

[233] KAMP M, ADILOVA L, SICKING J, et al. Efficient decentralized deep learning by dynamic model averaging[C]. In Proc. of Machine Learning and Knowledge Discovery in Databases (KDD'18), 2018.

[234] WANG L, WANG W, LI B. CMFL: Mitigating communication overhead for federated learning[C]. In Proc. of the 39th IEEE International Conference on Distributed Computing Systems (ICDCS'19), 2019.

[235] NISHIO T, YONETANI R. Client selection for federated learning with heterogeneous resources in mobile edge[A/OL]. arXiv.org (2018-12-03). https://arxiv.org/abs/1804.08333.

[236] Google Workshop on Federated Learning and Analytics[A/OL]. Google (2019-06-18). https://sites.google.com/view/federated-learning-2019/home.

[237] MOHRI M, SIVEK G, SURESH A T. Agnostic federated learning[A/OL]. arXiv.org (2019-02-01). https://arxiv.org/abs/1902.00146.

[238] MA Y, ZHU X, HSU J. Data poisoning against differentially-private learners: Attacks and defenses[A/OL]. arXiv.org (2019-07-05). https://arxiv.org/abs/1903.09860.

[239] PILLUTLA K, KAKADE S M, HARCHAOUI Z. Robust aggregation for federated learning[A/OL]. arXiv.org (2019-12-31). https://arxiv.org/abs/1912.13445.

[240] AGARWAL N, SURESH A T, YU F, et al. cpSGD: Communication-efficient and differentially-private distributed SGD[A/OL]. arXiv.org (2018-05-27). https://arxiv.

org/abs/1805.10559.

[241] JOSHI J, WANG G. Adaptive communication strategies to achieve the best error-runtime trade-off in local-update SGD[A/OL]. arXiv.org (2019-03-07). https://arxiv.org/abs/1810.08313.

[242] SONG D. Decentralized Federated Learning[A/OL]. Google (2019-06-18). https://drive.google.com/file/d/1Bk3ldYJcYo405uwATsqC8ZD1_UcLGlRL/view.

[243] HYNES N, CHENG R, SONG D. Efficient deep learning on multi-source private data[A/OL]. arXiv.org (2018-07-17). https://arxiv.org/abs/1807.06689.

[244] PREUVENEERS D, RIMMER V, TSINGENOPOULOS I, et al. Chained anomaly detection models for federated learning: An intrusion detection case study[J]. Applied Sciences, 2018, 8 (12): 1–21.

[245] NGUYEN T D, MARCHAL S, MIETTINEN M, et al. D"IoT: A federated self-learning anomaly detection system for IoT[A/OL]. arXiv.org (2019-05-10). https://arxiv.org/abs/1804.07474.

[246] RAMAGE D, MCMAHAN H B. Federated learning: Collaborative machine learning without centralized training data[A/OL]. Google Blog (2017-04-06). https://ai.googleblog.com/2017/04/federated-learning-collaborative.html.

[247] BAHMANI R, BARBOSA M, BRASSER F, et al. Secure multiparty computation from SGX[C]. In Proc. of International Conference on Financial Cryptography and Data Security Financial Cryptography and Data Security (FC'17), 2017.

[248] LIANG G, CHAWATHE S S. Privacy-preserving inter-database operations[C]. In Proc. of International Conference on Intelligence and Security Informatics, 2004.

[249] SCANNAPIECO M, FIGOTIN I, BERTINO E, et al. Privacy preserving schema and data matching[C]. In Proc. of the 2007 ACM SIGMOD international conference on Management of data, 2007.

[250] VAIDYA J, CLIFTON C. Privacy preserving association rule mining in vertically partitioned data[C]. In Proc. of the 8th ACM SIGKDD international conference on Knowledge discovery and data mining, 2002.

[251] CHEN T, GUESTRIN C. XGBoost: A scalable tree boosting system[C]. In Proc. of

the 22nd international conference on knowledge discovery and data mining (KDD'16), 2016.

[252] BALDIMTSI F, PAPADOPOULOS D, PAPADOPOULOS S, et al. Server-aided secure computation with off-line parties[C]. In Proc. of Computer Security (ESORICS'17), 2017.

[253] BOST R, POPA R A, TU S, et al. Machine learning classification over encrypted data[C]. In Proc. of the 2015 Network and Distributed System Security (NDSS'15) Symposium, 2015.

[254] PAN S J, YANG Q. A survey on transfer learning[J]. IEEE IEEE Transactions on Knowledge and Data Engineering, 2010, 22 (10): 1345–1359.

[255] YANG Q, ZHANG Y, DAI W Y, et al. Transfer Learning[M]. Cambridge University Press, 2020. DOI: https://doi.org/0.1017/9781139061773.

[256] ZHU Y, CHEN Y, LU Z, et al. Heterogeneous transfer learning for image classification[C]. In Proc. of the 25th AAAI Conference on Artificial Intelligence (AAAI'11), 2011.

[257] PAN S J, NI X, SUN J -T, et al. Cross-domain sentiment classification via spectral feature alignment[C]. In Proc. of the 19th International Conference on World Wide Web (WWW'10), 2010.

[258] LI Z, ZHANG Y, WEI Y, et al. End-to-end adversarial memory network for cross-domain sentiment classification[C]. In Proc. of the 26th International Joint Conference on Artificial Intelligence (IJCAI'17), 2017.

[259] OQUAB M, BOTTOU L, LAPTEV I, et al. Learning and transferring mid-level image representations using convolutional neural networks[C]. In Proc. of the IEEE Conference on Computer Vision and Pattern Recognition (CVPR'14), 2014.

[260] SHU X, QI G -J, TANG J, et al. Weakly-shared deep transfer networks for heterogeneous-domain knowledge propagation[C]. In Proc. of the 23rd ACM International Conference on Multimedia (MM'15), 2015.

[261] KIM M, SONG Y, WANG S, et al. Secure logistic regression based on homomorphic encryption: Design and evaluation[J]. JMIR Medical Informatics, 2018, 6 (2): 1–19.

[262] MCSHERRY F. Deep learning and differential privacy. GitHub (2017-10-27). https:// github.com/frankmcsherry/blog/blob/master/posts/2017-10-27.md.

[263] RUDER S. Neural Transfer Learning for Natural Language Processing[D/OL]. National University of Ireland (2019-06-07). https://aran.library.nuigalway.ie/handle/ 10379/15463.

[264] BAGDASARYAN E, VEIT A, HUA Y, et al. ImageNet: A large-scale hierarchical image database[C]. In Proc. of the 2009 IEEE Conference on Computer Vision and Pattern Recognition, 2009.

[265] YU H, LIU Z, LIU Y, et al. A fairness-aware incentive scheme for federated earning[C]. In Proc. of the 3rd AAAI/ACM Conference on Artificial Intelligence, Ethics, and Society (AIES'20), 2020.

[266] YANG S, WU F, TANG S, et al. On designing data quality-aware truth estimation and surplus sharing method for mobile crowdsensing[J]. IEEE Journal on Selected Areas in Communications, 2017, 35 (4): 832–847.

[267] GOLLAPUDI S, KOLLIAS K, PANIGRAHI D, et al. Profit sharing and efficiency in utility games[C]. In Proc. of the 25th Annual European Symposium on Algorithms (ESA'17), 2017.

[268] AUGUSTINE J, CHEN N, ELKIND E, et al. Dynamics of profit-sharing games[C]. In Proc. of the 22nd international joint conference on Artificial Intelligence (IJCAI'11), 2015.

[269] KRAUSE A, SINGLA A. Truthful incentives in crowdsourcing tasks using regret minimization mechanisms[C]. In Proc. of the 22nd international conference on World Wide Web (WWW'13), 2013.

[270] FALTINGS B, RADANOVIC G. Game theory for data science: Eliciting truthful information[M]. Williston: Morgan & Claypool Publishers, 2017.

[271] GHOSH A, DASGUPTA A. Crowdsourced judgement elicitation with endogenous proficiency[C]. In Proc. of the 22nd international conference on World Wide Web (WWW'13), 2013.

[272] SHNAYDER V, AGARWAL A, FRONGILLO R, et al. Informed Truthfulness in

Multi-Task Peer Prediction[A/OL]. arXiv.org (2016-07-16). https://arxiv.org/abs/1603.03151.

[273]　KONG Y, SCHOENEBECK G. An information theoretic framework for designing information elicitation mechanisms that reward truth-telling[J]. ACM Transactions on Economics and Computation, 2019, 7 (1): 1–33.

[274]　RADANOVIC G, JURCA B FALTINGS R. Incentives for effort in crowdsourcing using the peer truth serum[J]. ACM Transactions on Intelligent Systems and Technology, 2016, 7 (4): 1–28.

[275]　RICHARDSON A, FALTINGS A, FILOS-RATSIKAS B. Rewarding High-Quality Data via Influence Functions[A/OL]. arXiv.org (2019-08-30). https://arxiv.org/abs/1908.11598.

[276]　JIA R, DAO D, WANG B, et al. Towards efficient data valuation based on the shapley value[A]. arXiv.org (2019-12-21). https://arxiv.org/abs/1902.10275.

[277]　MISHRA D, VEERAMANI D. Vickrey-dutch procurement auction for multiple items[J]. European Journal of Operational Research, 2007, 180: 617–629.

[278]　The National Commission for the Protection of Human Subjects of Biomedical and Behavioral Research. THE BELMONT REPORT[M]. Technical report, 1978.

[279]　YU H, SHEN Z, MIAO C, et al. Building ethics into artificial intelligence[A/OL]. arXiv.org (2018-12-07). http://arxiv.org/abs/1812.02953.

[280]　YU H, MIAO C, SHEN Z, et al. Efficient task sub-delegation for crowdsourcing[C]. In Proc. of the 29th AAAI Conference on Artificial Intelligence, 2015.

[281]　YU H, MIAO C, LEUNG C, et al. Mitigating herding in hierarchical crowdsourcing networks[J]. Scientific Reports, 2016, 6 (4): 1–10.

[282]　YU H, MIAO C, ZHENG Y, et al. Ethically aligned opportunistic scheduling for productive laziness[A/OL]. arXiv.org (2019-01-02). http://arxiv.org/abs/1901.00298.

[283]　NEELY M J. Stochastic Network optimization with Application to Communication and Queueing Systems[M]. Willistion: Morgan & Claypool Publishers, 2010.

[284]　REDMON J, DIVVALA S, GIRSHICK R, et al. You only look once: Unified, real-time object detection[A/OL]. arXiv.org (2016-05-09). https://arxiv.org/abs/1506.02640.

[285] ROY A G, SIDDIQUI S, POLSTERL S, et al. Braintorrent: A peer-to-peer environment for decentralized federated learning[A/OL]. arXiv.org (2019-05-16). https://arxiv.org/abs/1905.06731.

[286] SILVA S, GUTMAN B, ROMERO E, et al. Federated learning in distributed medical databases: Meta-analysis of large-scale subcortical brain data[A/OL]. arXiv.org (2019-03-14). https://arxiv.org/abs/1810.08553.

[287] YUROCHKIN M, AGARWAL M, GHOSH S, et al. Bayesian nonparametric federated learning of neural networks[A/OL]. arXiv.org (2019-05-28). https://arxiv.org/abs/1905.12022.

[288] JORDAN R, THIBAUX M I. Hierarchical beta processes and the indian buffet process[C]. In Proc. of the 11th International Workshop on Artificial Intelligence and Statistics, 2007.

[289] SCHMIDHUBER S, HOCHREITER J. Long short-term memory[J]. Neural Computation, 1997, 9 (8): 1735–1780.

[290] CHO K, VAN MERRIENBOER B, GULCEHRE C, et al. Learning phrase representations using rnn encoder-decoder for statistical machine translation[A/OL]. arXiv.org (2014-09-03). https://arxiv.org/abs/1406.1078.

[291] VAN DEN OORD A, DIELEMAN S, ZEN H, et al. WaveNet: A generative model for raw audio[A/OL]. arXiv.org (2016-09-19). https://arxiv.org/abs/1609.03499.

[292] LEROY D, COUCKE A, LAVRIL T, et al. Federated learning for keyword spotting[C]. In Proc. of IEEE International Conference on Acoustics, Speech and Signal Processing (ICASSP'2019), 2019.

[293] KINGMA D P, BA J. Adam: A method for stochastic optimization[A/OL]. arXiv.org (2017-01-30). https://arxiv.org/abs/1412.6980v9.

[294] JI S, PAN S, LONG G, et al. Learning private neural language modeling with attentive aggregation[A/OL]. arXiv.org (2019-03-13). https://arxiv.org/abs/1812.07108.

[295] RUDER S, VULIC I, SOGAARD A. A survey of cross-lingual word embedding models[A/OL]. arXiv.org (2019-10-06). https://arxiv.org/abs/1706.04902.

[296] AUGENSTEIN I, RUDER S, SOGAARD A. Multi-task learning of pairwise sequence

classification tasks over disparate label spaces[A/OL]. arXiv.org (2018-04-09). https://arxiv.org/abs/1802.09913.

[297] CHEN X, CARDIE C. Multinomial adversarial networks for multi-domain text classification[A/OL]. arXiv.org (2018-02-15). https://arxiv.org/abs/1802.05694.

[298] ZHANG S, YAO L, SUN A, et al. Deep learning based recommender system: A survey and new perspectives[J]. ACM Computing Surveys, 2019, 52 (1): 1–38.

[299] ADOMAVICIUS G, TUZHILIN A. Toward the next generation of recommender systems: a survey of the state-of-the-art and possible extensions[J]. IEEE Transactions on Knowledge and Data Engineering, 2005, 17(6):734–749.

[300] ZHOU Y, WILKINSON D M, SCHREIBER R, et al. Large-scale parallel collaborative filtering for the netflix prize[C]. In Proc. of the 4th International Conference Algorithmic Aspects in Information and Management (AAIM'08), 2018.

[301] GUO H, TANG R, YE Y, et al. DeepFM: A factorization-machine based neural network for CTR prediction[C]. In Proc. of the 26th International Joint Conference on Artificial Intelligence (IJCAI'17), 2017.

[302] EUGENE K. Federated online learning to rank with evolution strategies[C]. In Proc. of the 12th ACM International Conference on Web Search and Data Mining, 2019.

[303] TRIENES J, HIEMSTRA A T, CANO D. Recommending users: Whom to follow on federated social networks[A/OL]. arXiv.org (2018-11-22). http://arxiv.org/abs/1811.09292.

[304] SUTTON R S, BARTO A G. Introduction to Reinforcement Learning[M]. Cambridge: MIT Press, 1998.

[305] RUMMERY G A, NIRANJAN M. On-line Q-learning using connectionist systems[J]. Technical Report (Cambridge University), 1994.

[306] WATKINS C, DAYAN P. Q-learning[J]. Machine Learning, 1992: 279-292.

[307] MNIH V, BADIA A P, MIRZA M, et al. Asynchronous methods for deep reinforcement learning[C]. In Proc. of the 33rd International Conference on Machine Learning, 2016.

[308] NAIR A, SRINIVASAN P, BLACKWELL S, et al. Massively parallel methods for deep reinforcement learning[A/OL]. arXiv.org (2015-07-16). http://arxiv.org/abs/1507.04296.

[309] CLEMENTE A V, CASTEJON H N, CHANDRA A. Efficient parallel methods for deep reinforcement learning[A/OL]. arXiv.org (2017-05-16). http://arxiv.org/abs/1705.04862.

[310] MAO H, ZHANG Z, XIAO Z, et al. Modelling the dynamic joint policy of teammates with attention multi-agent ddpg[C]. In Proc. of the 18th International Conference on Autonomous Agents and MultiAgent Systems, 2019.

[311] FOERSTER J N, ASSAEL Y M, DE FREITAS N, et al. Learning to communicate with deep multi-agent reinforcement learning[A/OL]. arXiv.org (2016-05-24). https://arxiv.org/abs/1605.06676.

[312] BARTH-MARON G, HOFFMAN M W, BUDDEN D, et al. Distributed distributional deterministic policy gradients[A/OL]. arXiv.org (2018-04-23). http://arxiv.org/abs/1804.08617.

[313] ESPEHOLT L, SOYER H, MUNOS R, et al. Impala: Scalable distributed deep-RL with importance weighted actor-learner architectures[A/OL]. arXiv.org (2018-06-28). http://arxiv.org/abs/1802.01561.

[314] KRETCHMAR R M. Parallel reinforcement learning[C]. In Proc. of the 6th World Conference on Systemics, Cybernetics, and Informatics, 2002.

[315] KUDENKO M, GROUNDS D. Parallel reinforcement learning with linear function approximation[C]. In Proc. of the 5th, 6th and 7th European Conference on Adaptive and Learning Agents and Multi-agent Systems: Adaptation and Multi-agent Learning, 2008.

[316] LIU B, WANG L, LIU M, et al. Lifelong federated reinforcement learning: A learning architecture for navigation in cloud robotic systems[A/OL]. arXiv.org (2019-05-13). http://arxiv.org/abs/1901.06455.

[317] CHEN A. IBM's Watson gave unsafe recommendations for treating cancer[A/OL]. The Verge (2018-07-26). https://www.theverge.com/2018/7/26/17619382/ibms-watson-

cancer-ai-healthcare-science.

[318] MEARIAN L. Did IBM overhype Watson Health's AI promise?[A/OL]. Computerworld (2018-11-14). https://www.computerworld.com/article/3321138/did-ibm-put-too-much-stock-in-watson-health-too-soon.html.

[319] ZHENG Y, LIU F, HSIEH H. U-air: when urban air quality inference meets big data[C]. In Proc. of the 19th ACM SIGKDD international conference on Knowledge discovery and data mining (KDD'13), 2013.

[320] 2019 Report on China's Smart Cities Development[A/OL]. iResearch (2019-02-01). https://www.iresearch.com.cn/Detail/report?id=3350&isfree=0.

[321] The 41st statistical report on China's Internet development[A/OL]. The China Internet Network Information Centre (2018-01-31). http://www.cac.gov.cn/2018-01-31/c_1122347026.htm.

[322] Worldwide Internet and Mobile Users: eMarketer's Updated Estimates and Forecast for 2017–2021[A/OL]. eMarketer (2017-12-01). https://www.emarketer.com/report/worldwide-internet-mobile-users-emarketers-updated-estimates-forecast-20172021/2002147.

[323] BAGDASARYAN E, VEIT A, HUA Y, et al. How to backdoor federated learning[A/OL]. arXiv.org (2019-08-06). https://arxiv.org/abs/1807.00459.

[324] SAMARAKOON S, BENNIS M, SAAD W, et al. Federated learning for ultra-reliable low-latency V2V communication[C]. In Proc. of the IEEE Globecom'18, 2018.

[325] JEONG E, OH S, KIM H, et al. Communication-efficient on-device machine learning: Federated distillation and augmentation under non-iid private data[C]. In Proc. of the 2018 NIPS Workshop, 2018.

[326] ZHU G, LIU D, DU Y, et al. Towards an intelligent edge: Wireless communication meets machine learning[A/OL]. arXiv.org (2018-09-02). https://arxiv.org/abs/1809.00343.

[327] ZHOU Z, CHEN X, LI E, et al. Edge intelligence: Paving the last mile of artificial intelligence with edge computing[A/OL]. arXiv.org (2019-05-24). https://arxiv.org/abs/1905.10083.

[328] HABACHI O, ADJIF M A, CANCES J P. Fast uplink grant for NOMA: A federated learning based approach[A/OL]. arXiv.org (2019-03-24). https://arxiv.org/abs/1904.07975.

[329] NIKNAM S, DHILLON H S, REED J H. Federated learning for wireless communications: Motivation, opportunities and challenges[A/OL]. arXiv.org (2019-09-06). https://arxiv.org/abs/1908.06847.

[330] LETAIEF K B, CHEN W, SHI Y, et al. The roadmap to 6G – AI empowered wireless networks[A/OL]. arXiv.org (2019-07-19). https://arxiv.org/abs/1904.11686.

[331] BENNIS M. Trends and challenges of federated learning in the 5G network[A/OL]. IEEE ComSoc (2019-07-15)[2019-07-15]. https://www.comsoc.org/publications/ctn/edging-towards-smarter-network-opportunities-and-challenges-federated-learning.

[332] PARK J, SAMARAKOON S, BENNIS M, et al. Wireless network intelligence at the edge[A/OL]. arXiv.org (2019-09-11). https://arxiv.org/abs/1812.02858.

[333] GDPR Info[A/OL]. European Union (2020-03-07). https://gdpr-info.eu/.

[334] EU GDPR.ORG Website[A/OL]. GDPR.org (2020-03-07). https://eugdpr.org/.

[335] Overview of the General Data Protection Regulation (GDPR)[A/OL]. ICO.org.uk (2017-10-20). https://ico.org.uk/media/for-organisations/data-protection-reform/overview-of-the-gdpr-1-13.pdf.

[336] The General Data Protection Regulation (GDPR)[A/OL]. European Union (2016-04-27). https://eur-lex.europa.eu/legal-content/EN/TXT/?uri=CELEX:02016R0679-20160504.

[337] GDPR: A cheat sheet[A/OL]. TechRepublic (2019-05-23). https://www.techrepublic.com/article/the-eu-general-data-protection-regulation-gdpr-the-smart-persons-guide/.

[338] KOTSIOS A, MAGNANI M, ROSSI L, et al. An analysis of the consequences of the general data protection regulation (GDPR) on social network research[A/OL]. arXiv.org (2019-10-05). http://arxiv.org/abs/1903.03196.

[339] Understanding the GDPR[A/OL]. University of Groningen (2019-01-31). https://www.futurelearn.com/courses/general-data-protection-regulation/0/steps/32412.

[340]   WHITE L, DADDAR S. Overview of the GDPR: Key points to note[A/OL]. https://www.nortonrosefulbright.com/en/knowledge/publications/2ea9cc0d/overview-of-the-gdpr—key-points-to-note.

[341]   MCGAVISK T. The positive and negative impact of GDPR[A/OL]. Time Data Security (2019-04-07). https://www.timedatasecurity.com/blogs/the-positive-and-negative-implications-of-gdpr.

[342]   ROE D. Understanding GDPR and its impact on the development of ai[A/OL]. CMSWire (2018-04-26). https://www.cmswire.com/information-management/understanding-gdpr-and-its-impact-on-the-development-of-ai/.

[343]   PIERCE J. Privacy and cybersecurity: A global year-end review[A/OL]. Inside Privacy (2018-12-21). https://www.insideprivacy.com/data-privacy/privacy-and-cybersecurity-a-global-year-end-review/.

[344]   The California Consumer Privacy Act (CCPA)[A/OL]. Californians for Consumer Privacy (2020-03-07). https://www.caprivacy.org/.

[345]   Information security technology–Personal information security specification[A].

[346]   SHAH A, BANAKAR V, SHASTRI S, et al. Analyzing the impact of GDPR on storage systems[A/OL]: arXiv.org (2019-05-16). http://arxiv.org/abs/1903.04880.

[347]   LUO Y, YU Z, SHEPHERD N. China Releases Draft Measures for Data Security Management[A/OL]. Covington & Burling LLP (2019-05-28). https://www.insideprivacy.com/uncategorized/china-releases-draft-measures-for-the-administration-of-data-security/.

杨强教授领衔的微众银行AI团队&博文视点学院联合奉献

联邦学习
理论与应用全解视频专栏

联邦学习概述

◎ 杨强教授在"第三届世界人工智能大会（WAIC）2020云端峰会"上的精彩分享

Part 01

联邦学习前沿技术

◎ 杨强教授亲授：
联邦学习前沿与应用价值讨论

Part 02

联邦学习在金融和计算机视觉领域的应用

◎ 杨强教授带你认识联邦学习与四大应用场景
◎ "AI驱动小微企业银行业务的数字化转型"主题演讲

Part 03

联邦学习技术介绍、应用和FATE开源框架

◎ 《联邦学习技术介绍、应用和FATE开源框架》课程全6讲
◎ "FATE：联邦学习技术落地与应用实践"主题演讲

Part 04

加博文君为好友
回复"联邦学习"
免费获取专栏观看地址

电子工业出版社
PUBLISHING HOUSE OF ELECTRONICS INDUSTRY
HTTP://WWW.PHEI.COM.CN